토리 구현을 위한

적응형 gACD 기반
모델링&시뮬레이션

최병규 · 김현식 지음

청문각

영국에서 18세기 중반에 시작된(제1차) 산업혁명이 증기기관 발명에서 비롯된 것처럼 제4차 산업혁명은 스마트팩토리의 출현에서 비롯되었다고 볼 수 있을 것이다. 그런데 스마트팩토리의 구현을 위해서는 공장 내의 모든 설비와 공정을 세부적으로 모델링하고 실시간으로 올라오는 현장상태 정보를 반영한 온라인 시뮬레이션을 실행시켜야 한다. 색상형ACD 형식론은 온라인 시뮬레이션을 지원하기 위한 목적으로 고안되었다. 이에 책제목을 "스마트팩토리 구현을…"로 정해보았다.

이산사건시스템 모델링 및 시뮬레이션을 위한 모델링형식론들 중 가장 오래된 것이 올해로 환갑을 맞는 ACD 형식론이다. ACD는 제철소의 고질적인 공정혼잡 문제를 시뮬레이션을 통하여 해결하기 위하여 1957년에 Tocher가 제안하였다. 하지만 다른 모델링형식론에 비하여 별로 주목을 받지 못하고 있었는데, 최근에 확장형 및 파라미터형ACD형식론이 개발되면서 재조명 받게 되었다. 색상형ACD는 확장형 및 파라미터형ACD를 온라인 시뮬레이션에 적합하도록 발전시킨 모델링형식론이다.

저자들은 지난 3년 동안 연구재단의 지원으로 "색상형ACD 형식론 및 시뮬레이터 개발" 과제를 수행하였다. 국민세금으로 개발된 연구성과가 국내의 관련 학계 및 산업계에 두루 활용되어 국가

경쟁력 제고에 조금이나마 기여하고자 모노그래프 형태로 책을 출간하게 되었다. 특히 산업공학과 학사과정의 "컴퓨터 시뮬레이션" 과목에서 부교재로 사용될 수 있도록 책을 구성하였다. 책의 제1장과 2장에서는 색상형ACD 형식론과 모델링 방법론을 각각 다루고 있으며, 제3장에서는 색상형ACD가 어떻게 스마트팩토리 구현의 견인차역할을 할 수 있을지를 살펴보고, 제4장에서는 색상형ACD 기반 시뮬레이터인 ACE++ 사용법을 설명한다. 제5장에서는 주요 응용사례들을 소개하고 마지막 장에서는 실용적인 입력모델링 및 출력분석 방법을 소개하였으며, 수학적 표현 및 실행알고리즘 등의 기술적 이슈는 부록에 수록하였다.

본 모노그래프 초안 리뷰를 맡아주신 김경섭, 문덕희, 문일경, 박상철, 박철진, 서윤호, 장석화, 장성용, 홍성조 교수님과 정회민 소장님께 깊은 감사를 드립니다. 아울러 원고를 꼼꼼히 읽어주고 독자입장에서 유익한 feedback을 제공해준 이강훈 학생에게 감사를 전한다.

2017년 7월 저자

인류는 태초부터 복잡한 주변 문제를 이해하고 표현하여 타인에게 설명하고 공유하려는 노력을 해왔다. 그림으로 뭔가를 그려보다가 기하학을 만들었고 개수를 세다가 대수학을 발명하였다. 모델이란 현실의 대상을 단순화시킨 것이라 할 수 있는데 목적에 따라 상세 정도, 표현력 및 엄밀성이 달라진다. 분야별로 여러 모델링 방식 및 도구가 개발되어 왔고 아직도 진화하고 있다. 세상을 보는 시각에 따라 같은 대상도 다르게 표현되고 설명될 수 있다.

제조시스템이나 비즈니스 프로세스는 일련의 흐름과 반복으로 이루어져 있다. 흐름 위주의 모델링 철학에 기반한 SIMAN, ARENA 등 기존의 많은 시뮬레이션 도구들은 단순하고 간편하여 널리 사용되었다. 근래에는 제조 및 서비스 산업이 다양한 고객요구에 부응하여 프로세스를 혁신하고 고도화한 결과, 프로세스와의 상호작용이 복잡하게 되었다. 이에 종래의 직선적인 모델링 방법을 발전시켜 복잡한 프로세스 흐름과 상호작용을 체계적으로 모델링 하는데 적합한 형식론적 도구가 요구되고 있다. ACD는 개념적 모델링 방법으로 도입된 이후 단계적으로 형식론이 보강되고 진화해왔다. 상태전이 속성 및 다중성, 파라미터 변수 및 연산, 실행 우선순위, 상태전이 조건, 색상구분 도입 등으로 모델링 능력과 모델검증 능력이 크게 좋아졌다. 저자들은 ACD 확장과 응용에 관한 그간의 연구를 토대로 이 책을 집필하였다. 특히 장기간의 산학협력연구에서 얻어진 제조시스템에 대한 깊은 지식과 풍부한 모델링 예제로 설명하고 있는 것이 큰 강점이다.

제조시스템은 자동화, 디지털화, 네트워크화를 통해 크게 발전하였다. 그러나 최근 IoT, 머신러닝 등이 접목되어 스마트공장으로 새롭게 도약하고 있다. 또 하나의 산업혁명이 될 것이다. 미래의 공장은 가상공장 모델을 통해 사전 검증, 예측, 감시 및 통제가 이루어질 뿐 아니라 시뮬레이션을 통해 학습도 이루어질 것이다. 가상공장을 모델링하고 검증하는 데 이 책에서 제시하는 모델링 방법과 풍부한 사례가 유용하게 활용될 것이다.

끝으로 끊임없는 학문적 열정으로 제조시스템 기술과 산업공학 발전에 헌신하신 최병규 교수님께 존경과 감사를 드린다.

2017년 7월 대한산업공학회장 이태억 교수

본 서는 이산사건 시스템에 대한 모델링 및 시뮬레이션 솔루션을 소개하는 내용을 다룬 책으로써 기존의 일반 시뮬레이션 교재와 유사하면서도 최근의 복잡한 제조 및 서비스 시스템의 프로세스를 모델링하는 데 탁월한 방법론을 제시하고 있다.

기존의 ACD 모델링 기법을 개선한 색상형 ACD 형식론 기법을 채택함으로써 모델링의 편의성을 증진시켰으며, 이를 기반으로 시뮬레이션을 실행할 수 있는 솔루션 ACE++를 제공한다. 이로써 현대의 스마트팩토리 시대에 적합한 현장 적용능력이 우수하고 사용하기에 용이한 시뮬레이션 도구로의 활용이 기대되고 있다.

2017년 7월 한국시뮬레이션학회장 장성용 교수

개체	entity
결합이벤트	coupled event
다중성	multiplicity
단일설비 시스템	single server system
대기(노드)	queue
개체 ~	entity ~
방출 ~	sink ~
설비 ~	resource ~
순간 ~	instance ~
신호 ~	signal ~
용량 ~	capacity ~
모델검증	model validation
모델링형식론	modeling formalism
사건기반 ~	event-based ~
상태기반 ~	state-based ~
활동기반 ~	activity-based ~
미래이벤트 리스트	future event list(FEL)
발생예정 이벤트	BTO(bound-to-occur) event
방향성 변	directed edge
변	edge
개체흐름 ~	entity flow ~
개체차량흐름 ~	entity flow /w vehicle ~
차량흐름 ~	empty vehicle flow ~
설비흐름 ~	resource flow ~
신호흐름 ~	signal flow ~
용량흐름	capacity flow ~
상태변수	state variable
상태전이 다이아그램	state transition diagram
색상형 페트리넷	colored Petri net(CPN)
설비	resource
스마트 공장	smart factory
스테이션	station
시뮬레이션기반 운영관리	simulation-based operation management
온라인 시뮬레이션	online simulation
오프라인 시뮬레이션	offline simulation
완료연결선	At-end Arc
완료조건	At-end Condition

Chapter 3

색상형ACD와 스마트팩토리

부 록

Chapter 1

색상형ACD
형식론

현자_{賢者}는 자신이 모르는 것이 무엇인지 아는 사람이다
道德經

1.1 ACD 형식론의 발전

정확한 의미론과 문법체계를 갖춘 모델기술 방법을 모델링형식론이라
고 하는데, ACD(Activity Cycle Diagram) 형식론은 1957년에 Tocher에
의해 제안될 때부터 복잡한 생산시스템을 시뮬레이션 하기 위해 만들
어졌다. 이후 개발된 모델링형식론은 1962년에 Petri가 제안한 페트리
넷, 1976년 Ziegler가 제안한 이산사건시스템명세(DEVS), 1981년
Jensen이 제안한 색상형 페트리넷, 1983년 Schruben이 제안한 이벤트
그래프, 1994년 Alur가 제안한 타임드 오토마타 등이 있다.

그림 1.1은 '초기 버전ACD'에 해당하는 흐름 다이어그램을 사용하
여 제철공정을 모델링한 예를 보여주고 있다. ACD 형식론은 대상 시

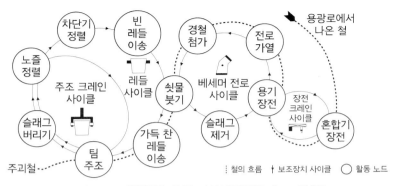

그림 1.1 제철공정 흐름 다이어그램[Tocher, 1960]

스템에서 개체(작업물 또는 고객)와 설비(기계 또는 서비스 제공자)들
이 수행하는 일련의 활동에 초점을 맞추어 모델링하기 때문에 다른
모델링형식론보다 직관적인 모델링이 가능하고 시뮬레이션 전문가가
아니어도 모델을 이해하기 쉽다는 장점이 있다고 한다. ACD는 초창
기의 고전형ACD에서부터 변(edge) 속성을 추가한 확장형ACD, 파라
미터 개념을 도입한 파라미터형ACD, 최근에는 보다 일반화된 색상형
ACD로 점차 발전해왔다.

(1) 고전형ACD

고전형ACD 형식론은 사각형으로 표현된 활동노드(activity)와 원형
으로 표현된 대기노드(queue)가 번갈아 나타나며 방향성 변으로 연결
된 이분방향성 그래프로 대상 시스템을 표현한다. 그림 1.2는 단일서
버 시스템의 참조모델과 고전형ACD 모델을 나타낸다.

단일서버 시스템은 하나의 기계와 버퍼로 이루어진다. 그림 1.2(a)
에서 버퍼 앞에 정의된 '작업물 생성기'는 일정 시간 간격($=t_a$)으로
새 작업물이 시스템에 투입되는 과정을 모사하는 가상의 설비이다.

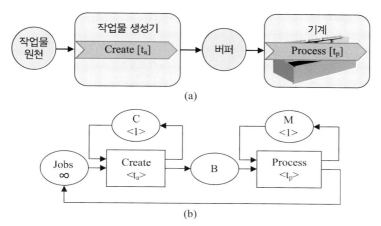

그림 1.2 단일서버 시스템의 (a) 참조모델 및 (b) 고전형 ACD 모델

투입된 작업물은 기계가 가용할 때까지 버퍼에서 대기하고, 기계가 가용하면 작업시간 ($=t_p$) 동안 기계에서 작업을 수행한다. 그림 1.2(b)는 그림 1.2(a)의 참조모델에 대한 고전형ACD 모델인데, 예를 들어 M<1>은 기계가 한 대 있다는 것을, Process<t_p>는 공정처리 시간이 t_p라는 것을 나타낸다.

고전형ACD 형식론에서는 반드시 모든 주기가 닫혀있어야 하므로 설비에서 작업을 마친 후 다시 처음으로 돌아가는 닫힌 주기를 만들어준다. 고전형ACD 모델은 활동노드 집합 **A**, 대기노드 집합 **Q**, 변 집합 **E**, 시간 진행 함수 τ, 대기노드 토큰(token) 개수 벡터 μ 및 초기값 μ_0의 6개 요소로 수학적으로 기술할 수 있다.

예를 들어 그림 1.2(b)의 단일서버 시스템(SSS single server system)에 대한 고전형ACD 모델은 다음과 같이 수학적으로 기술할 수 있다.

ACD$_{SSS}$=<**A, Q, E,** τ, μ, μ_0>

■ **A**={a_1=Create, a_2=Process} // 활동노드 집합

- $Q = \{q_1 = Jobs, \ q_2 = C, \ q_3 = B, \ q_4 = M\}$ // 대기노드 집합
- $E = \{e_1 = (q_1, \ a_1), \ e_2 = (q_2, \ a_1), \ e_3 = (a_1, \ q_2), \ e_4 = (a_1, \ q_3), \ e_5 = (q_3, \ a_2),$
  $e_6 = (q_4, \ a_2), \ e_7 = (a_2, \ q_4), \ e_8 = (a_2, \ q_1)\}$ // 변 집합
- $\tau(a_1) = t_a, \ \tau(a_2) = t_p$ // 시간 진행 함수
- $\mu = \{\mu_{q1}, \ \mu_{q2}, \ \mu_{q3}, \ \mu_{q4}\}$ // 대기노드 토큰 개수 벡터
- $\mu_0(q_1) = \infty, \ \mu_0(q_2) = 1, \ \mu_0(q_3) = 0, \ \mu_0(q_4) = 1$ // μ의 초기값

(2) 다른 모델링형식론과의 비교

그림 1.3에는 단일서버 시스템에 대한 페트리넷 모델과 이벤트그래프 모델을 보여주고 있다. 1.3(a)의 페트리넷은 Place와 Transition으로 이루어지는데 Place $P_1 \sim P_5$는 ACD의 대기노드에 해당되고 Transition T_1, T_2는 ACD의 활동노드에 해당된다. 이벤트그래프에서는 ACD모델 내 각 활동의 시작과 끝을 이벤트로 정의하는데, 1.3(b)에는 3개의 이벤트(Created, Start, End)가 있으며, 상태변수 B와 M은 각각 버퍼 내 작업물 수와 가용 기계 대수를 나타낸다(B++: B=B+1; B--: B=B−1). 페트리넷은 ACD와 마찬가지로 활동기반 모델링형식론이고 이벤트그래프는 사건기반 모델링형식론이다.

그림 1.3(a)의 페트리넷(PN) 모델과 1.3(b)의 이벤트그래프(EG) 모델을 수학적으로 기술하면 각각 다음과 같다.

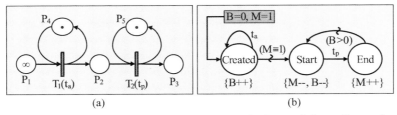

그림 1.3 단일서버 시스템의 (a) 페트리넷 모델 및 (b) 이벤트그래프 모델

$PN_{SSS} = <\mathbf{T, P, I, O, } \tau, \mu_0>$

- **T** = {T_1, T_2} // (timed) transition집합
- **P** = {P_1, P_2, P_3, P_4, P_5} // place집합
- **I**(T_1) = {P_1, P_4}; **I**(T_2) = {P_2, P_5} // I: input집합
- **O**(T_1) = {P_2, P_4}; **O**(T_2) = {P_3, P_5} // O: output집합
- τ(T_1) = t_1; τ(T_2) = t_2 // 시간 진행 함수
- μ_0 = {∞, 0, 0, 1, 1} // 토큰 벡터 초기값

$EG_{SSS} = <\mathbf{V, E, S, F, C, D}>$

- **V** = {v_1 = Created, v_2 = Start, v_3 = End}; // vertex집합
- **E** = {e_1 = (v_1, v_1), e_2 = (v_1, v_2), e_3 = (v_2, v_3), e_4 = (v_3, v_2)}; // edge 집합
- **S** = {B, M}; // 상태변수 집합
- **F** = {f_1: B++; f_2: M--, B--; f_3: M++}; // 상태변수 갱신
- **C** = (c_1 = True; c_2 = (M≡1), c_3 = True; c_4 = (B>0)}; // edge조건
- **D** = {d_1 = t_a; d_2 = 0; d_3 = t_p; d_4 = 0}; // 지연시간

그림 1.4에는 단일서버 시스템에 대한 이산사건시스템명세(DEVS) 모델과 타임드 오토마타 모델을 보여주고 있다. 이들 두 상태기반 모델링형식론에서는 시스템을 구성하는 개별 객체를 상태전이 다이어그램으로 나타낸다. 상태기반 모델은 임베디드 소프트웨어어나 교통시스템 모델링에 보다 널리 쓰인다. 단일서버 시스템은 Creator, Buffer, Machine의 3개의 객체로 구성되어 있으며 3종류의 메시지(arrive, start, release)가 객체들 간에 전달된다. 그림 1.4에는 Machine객체에 대한 상태전이 다이어그램만 보여져 있는데, DEVS 및 타임드 오토마타 원소모델(atomic model)은 다음과 같다.

DEVS_{Machine}=<**S, X, Y,** δ_{int}, δ_{ext}, τ> // DEVS원소모델

- **S**= {Idle, Busy} // 상태변수 집합;

- **X**= {s} // 입력변수 집합;

- **Y**= {r} // 출력변수 집합;

- δ_{int}(Busy)= Idle // 내부전이함수;

- δ_{ext}(Idle, start)= Busy // 외부 전이 함수

- τ(Busy)= t_p, τ(Idle)= ∞ // 시간 진행 함수;

TA_{Machine}=<**S, E, C,** Tra, Inv, s_0, **O**> // 타임드 오토마타 원소모델

- **S**= {Idle, Busy} // 상태변수집합;

- **E**= {s} // 이벤트 집합;

- **C**= {x} // clock 집합

- Tra= {(Idle; -; s?; x=0; Busy), (Busy; x≡ t_p, ε; r! ; Idle)} // timed transition

- Inv(Busy)= x ≤ t_p // state invariants 집합

- s_0= Idle // 초기 상태

- **O**= {r} // 출력 메시지 집합

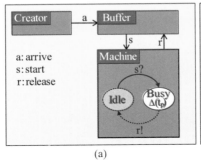
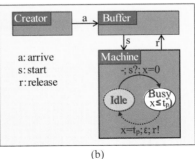

(a) (b)

그림 1.4 단일서버 시스템의 (a) DEVS 모델, (b) 타임드 오토마타(TA) 모델

(3) 확장형ACD

고전형ACD 형식론의 각 변에 실행조건을 추가하고 또 해당 변을 따라 전달되는 토큰의 개수를 의미하는 다중성을 추가하여 확장형 ACD 형식론으로 확장되었다. 확장형ACD 모델은 수학적으로 표현하면 8개 요소로 정의된다(부록 A.1 참조).

그림 1.5는 설비선택 우선순위가 존재하는 배치(batch)생산 시스템의 참조모델과 확장형ACD 모델을 나타낸다. 대상 시스템에는 2대의 설비가 있는데, Machine-A가 Machine-B보다 작업 우선순위를 갖는다. 작업물은 시스템에 1개씩 일정 시간 ($=t_a$) 간격으로 투입되고, 3개씩(multiplicity=3) 배치로 묶여 작업이 이루어진다.

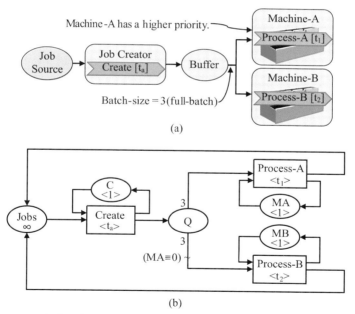

그림 1.5 우선순위가 있는 생산라인의 (a) 참조모델, (b) 확장형ACD 모델

그림 1.5(a)의 참조모델에 나타난 설비선택 우선순위와 배치생산은 각각 변 실행조건과 다중성을 사용하여 그림 1.5(b)의 ACD 모델상에 표기된다. 항상 대기노드 Q에 있는 작업물이 Process-A에서 처리가능한지를 확인하고, 가능하지 않는 경우($MA \equiv 0$)에만 Process-B로 보내진다. 이를 표현하기 위하여 실행조건 '($MA \equiv 0$)'을 해당 변(Q → Process-B) 위에 물결기호(~)와 함께 나타낸다. 그런데 Q에 있는 작업물은 3개가 모여야 설비에서 작업을 시작한다. 그림 1.5(b)에서는 Q에서 Process-A, Process-B로 연결되는 변 위에 배치 크기인 3을 기록하여 나타냈다.

(4) 확장형ACD 모델 실행규칙

그림 1.6은 확장형ACD 모델을 보여주고 있는데, 활동노드 A1에 대하여

- Q1/Q2는 입력/출력 대기노드의 토큰 수를
- c1/c2는 입력/출력 변 실행조건을
- m1/m2는 입력/출력 변 다중성을
- S1은 가용한 설비 대수를
- A2와 A3는 피영향 활동노드(influenced activity)를 나타낸다.

활동노드의 시작 점을 시작 이벤트(at-begin event)라 부르고 끝 점을 완료 이벤트(at-end event)라고 부르는데, 어떤 활동노드의 시작 이벤트가 일어나면 활동기간 경과 후에는 반드시 완료 이벤트가 발생하게 된다. 따라서 완료 이벤트를 발생예정(BTO bound-to-occur) 이벤트라고 부른다.

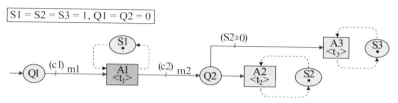

그림 1.6 확장형ACD 모델 실행규칙 예

그림 1.6에서 활동노드 A1의 시작 점에서의 실행규칙(execution rule)은 다음과 같다. "입력 변 실행조건이 참($c1 \equiv$ True)이고 입력 대기노드 토큰 수가 입력 변 다중성보다 크거나 같고($Q1 \geq m1$) 또 가용한 설비가 존재($S1 \geq 1$)하면, ① 입력 대기노드 토큰 수를 m1개 감소($Q1 = Q1 - m1$)시키고 가용설비 수를 하나 감소($S1--$)시킨 다음 활동노드 A1을 실행시키고 ② A1의 발생예정 이벤트가 활동기간(t_1) 이후에 발생하도록 스케줄링 한다." 또 활동노드 A1의 끝 점에서의 실행규칙은 다음과 같다. "출력 변 실행조건이 참($c2 \equiv$ True)이면, ① 출력 대기노드 토큰 수를 m2개 증가($Q2 = Q2 + m2$)시키고 ② 가용설비 수를 하나 증가($S1++$)시킨 다음 ③ 피영향 활동노드 A2, A3을 실행시킨다." 또 그림 1.6에서 피영향 활동노드 A2, A3을 실행하는 규칙은 "A2의 실행을 먼저 시도하고, 만약 A2를 위한 가용설비가 없으면($S2 \equiv 0$), A3의 실행을 시도한다"이다.

활동전이 테이블(ATT activity transition table)은 ACD모델을 표 형태로 나타낸 모델링형식론이다. ATT는 각 활동노드에 대하여

- 활동 시작점에서의 시작 조건 및 액션(즉, 상태변수 갱신)
- 발생예정(BTO) 이벤트의 발생예정 시간과 이름
- 활동 끝점에서의 완료 조건과 액션 그리고
- 피영향 활동노드들을 명시적으로 열거한다.

표 1.1 그림 1.6의 ACD모델에 대한 활동전이 테이블(ATT)

No	활동노드	시작점		BTO이벤트		완료점		
		시작조건	액션	시간	이름	완료조건	완료액션	피영향활동노드
1	A1	$(c1)$&$(Q1 \geq m1)$&$(S1>0)$	S1--; Q1=Q1 − m1	t_1	EventA1	True	S1++;	A1
						$(c2)$	Q2=Q2+m2	A2, A3
2	A2	$(Q2>0)$&$(S2>0)$	Q2--; S2--	t_2	EventA2	True	S2++	A2
3	A3	$(S2 \equiv 0)$&$(Q2 \geq 0)$&$(S3>0)$	Q2--; S3--	t_3	EventA3	True	S3++	A3
초기화	Initial Marking={S1=S2=S3=1, Q1=Q2=0}; Enabled Activities={ }							

그림 1.6의 ACD에 대한 ATT가 표 1.1에 제시되어 있다. 피영향 활동노드(influenced activities)란 어떤 활동노드의 종료에 영향을 받아 활동을 시작할 가능성이 있는 활동노드를 말한다.

(5) 파라미터형ACD

고전형 및 확장형ACD 형식론은 모델링하고자 하는 대상 시스템이 복잡해질수록 모델 내의 노드의 개수가 증가하고, 이를 연결하는 변의 개수도 함께 증가하여 모델이 복잡해진다. 이러한 한계를 극복하기 위해 파라미터형ACD 형식론이 제안되었다.

파라미터형ACD 형식론은 각 노드에 파라미터 변수(variable)를, 각 변에 파라미터 값(value)을 추가하여 모델 내에서 반복적으로 나타나

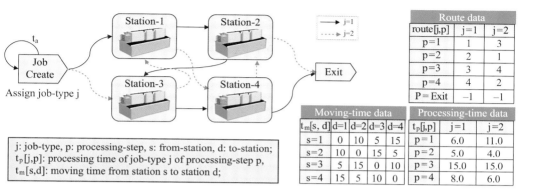

그림 1.7 단순잡샵 시스템의 특정한 경우의 참조모델

는 패턴을 파라미터화(parameterization)하여 모델링 편의성을 높이고, 완성된 모델의 노드와 변의 개수를 줄여 복잡도를 대폭 감소시켰다. 또한, 시뮬레이션 중 사용할 수 있는 변수를 도입하고 변수갱신 기능을 추가하여 모델링 능력도 향상시켰다.

그림 1.7은 단순잡샵 시스템에서 특정한 경우(instance)의 참조모델을 나타낸다. 이 경우에는 총 4개의 스테이션(station)을 포함하고 있고, 각 스테이션에는 1대의 설비만 존재한다. 작업물 종류별 공정흐름 정보(route data), 공정별 작업시간 정보(processing-time data), 스테이션 간 이동시간 정보(moving-time data)는 각각 그림 1.7에 표로 정의되어 있다. 이러한 정보들은 단순잡샵 시스템의 특징을 따르는 여러 경우마다 서로 다른 값을 가질 수 있다. 즉, 단순잡샵 시스템이라는 하나의 클래스(class) 모델을 정의할 수 있다면, 이 클래스에 해당하는 모든 경우들은 모델 수정 없이 입력 정보의 값을 변경하는 것만으로 시뮬레이션할 수 있게 된다. 파라미터형ACD 형식론은 이러한 클래스 모델의 모델링을 가능하게 한다.

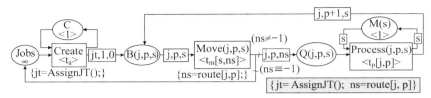

그림 1.8 단순잡샵 시스템(그림 1.7) 클래스의 파라미터형ACD 모델

그림 1.8은 단순잡샵 시스템 클래스의 파라미터형ACD 모델을 나타낸다. 앞서 설명한 것처럼 시뮬레이션하고자 하는 경우의 입력정보를 각각 route[j,p], t_p[j,p], t_m[s,d] 변수로 입력 받으면(또 작업물 유형 jt를 정해주는 함수 AssignJT()를 정의해주면), 이 클래스에 속하는 각각의 경우를 하나의 클래스 모델로 표현하여 시뮬레이션할 수 있다.

그림 1.8의 파라미터형ACD 모델에서 사용된 파라미터는 작업물의 종류를 나타내는 j, 작업물의 현재 공정 단계를 나타내는 p, 작업물이 공정을 수행할 스테이션을 나타내는 s가 있다. 먼저 활동노드 Create가 실행되면, 변수 jt에 작업물의 종류를 할당하여 대기노드 B(j,p,s)로 파라미터 값(jt, 1, 0)을 전달한다. 이 때, 활동노드 Create를 통해 작업물이 처음 생성되므로 현재 공정 단계는 첫 번째(p=1)이고 아직 공정을 수행할 스테이션을 결정하지 않았으므로 s=0이 된다. 다음으로, 활동노드 Move가 실행되면, 작업물이 이동할 목적 스테이션을 나타내는 변수인 ns에 공정 흐름 정보를 담고 있는 route[j,p] 값을 할당한다(ns=route[j,p]). 모든 공정을 다 마치면 'ns=−1'이 된다. 이 과정에서 현재 작업물이 위치한 스테이션(s)에서 다음 스테이션(ns)까지 이동하는 데 걸리는 시간은 이동 시간 정보를 담고 있는 t_m[s,ns]에서 구한다.

활동노드 Move가 실행된 후 공정이 모두 완료되었을 경우($ns \equiv -1$)에는 대기노드 Jobs로 빠져나가게 되고, 완료되지 않은 경우($ns \neq 1$)에는 대기노드 Q(j,p,s)로 j, p, ns의 파라미터 값들을 전달한다. 스테이션 앞의 대기노드 Q(j,p,s)에 작업물이 존재하고 또 해당 스테이션의 설비 M(s)가 가용하면, 활동노드 Process는 공정을 시작한다. 공정이 완료되면, 작업물의 공정 단계가 갱신된 파라미터 값(j, p+1, s)을 대기노드 B(j,p,s)로 전달한 후 활동노드 Move를 다시 실행시킨다.

1.2 색상형ACD 구조

색상형ACD 형식론은 파라미터형ACD 형식론을 확장시킨 모델링형식론인데, 본 형식론에서는 모델 내의 활동노드와 대기노드 및 변을 역할에 따라 서로 다른 색상(즉, 모양)으로 정의한다. 색상을 사용함으로써 완성된 모델검증(model validation)이 용이하고 또 초기화가 필요한 노드를 쉽게 구분할 수 있기 때문에 보다 체계적인 시뮬레이션 모델 초기화가 가능해졌다.

사용자는 필요에 따라 새로운 색상을 추가로 정의하고, 기존 색상을 수정하여 모델링에 사용할 수 있다. 또 각 변에 실행 우선순위(selection priority)를 추가하여 여러 활동들의 실행 순서를 정의할 수 있게 하였다. 색상형ACD 형식론에서 정의된 각 색상은 도형의 음각/양각, 도형의 모양, 변의 종류로 구분되는데, 아래와 같이 4개의 기본 규칙을 따라 정의된다.

- 설비와 관련된 노드는 음각으로, 나머지는 양각으로 정의한다.

- 객체가 다른 위치로 이동하는 활동노드는 화살표 깃 모양으로 정의한다.
- 설비 사용 없이 개체가 스스로 수행하는 활동은 점선으로 정의한다.
- 개체 흐름을 나타내는 변은 실선, 논리적/가상적 흐름은 점선으로 정의한다.

(1) 활동노드 색상구분

그림 1.9는 색상형ACD 형식론에서 제공하는 10가지의 활동노드 (activity node) 색상을 나타낸다. 각 활동노드 색상에 대한 설명은 아래와 같다.

- 생성(Create) 활동노드 : 일정 시간 간격마다 신규 개체를 생성
- 무색(White) 활동노드 : 변수 갱신이 일어나는 기본 활동
- 작업(Process) 활동노드 : 개체가 설비에서 작업을 수행
- 지연(Delay) 활동노드 : 설비 사용 없이 개체 스스로 시간을 소요
- 순간(Instant) 활동노드 : 시간 진행이나 변수 갱신이 없는 이벤트
- 차량이송(Transport) 활동노드 : 운반 차량의 단독 이동 및 개체 수송

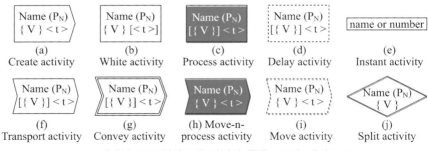

그림 1.9 색상형ACD 형식론에 정의된 활동노드의 색상구분

- 컨베이어이송(Convey) 활동노드 : 컨베이어를 타고 개체가 이동
- 이동 – 작업(Move-n-process) 활동노드 : 이동 중에 작업이 일어나는 활동
- 이동(Move) 활동노드 : 이송설비 사용 없이 개체 스스로 이동
- 분기(Split) 활동노드 : 이동 가능한 경로가 복수일 때 하나를 선택

그림 1.9의 각 도형 내부에는 해당 활동노드의 이름(Name), 해당 활동노드에 정의된 파라미터 변수(P_N), 해당 활동이 실행될 때 갱신되는 변수{V}, 해당 활동의 소요시간<t>이 표현된다. 일부 활동노드 색상은 갱신되는 변수가 없거나 소요시간이 없기도 하다. 이렇게 선택적으로 존재하는 정보는 대괄호 [ ] 안에 표현하였다. 또한, 순간 활동은, 실제 작업이 진행되는 활동이 아닌 순간적인 이벤트를 의미하기 때문에, 다른 활동노드 색상들보다 작은 사각형으로 정의하여 짧은 이름을 부여하거나 이름 대신 숫자로만 간략하게 표기한다.

(2) 대기노드 색상구분

그림 1.10은 색상형ACD 형식론에서 제공하는 6개의 대기노드 색상을 나타낸다. 각 대기노드 색상에 대한 설명은 아래와 같다.

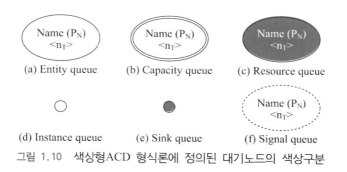

그림 1.10 색상형ACD 형식론에 정의된 대기노드의 색상구분

- 개체(Entity) 대기노드 : 개체가 활동을 수행하기 전까지 대기하는 노드
- 용량(Capacity) 대기노드 : 개체들이 대기할 장소의 남은 용량을 나타내는 노드
- 설비(Resource) 대기노드 : 가용한 작업설비의 숫자를 나타내는 대기노드
- 순간(Instance) 대기노드 : 개체가 머물지 않고 지나쳐 가는 대기 노드
- 방출(Sink) 대기노드 : 시스템에서 개체가 소멸/방출되는 대기노드
- 신호(Signal) 대기노드 : 이송요청 신호와 같은 커뮤니케이션을 위한 노드

그림 1.10의 각 도형 내부에는 그림 1.9와 유사하게 해당 대기노드의 이름, 파라미터 변수(P_N) 및 토큰 개수(n_T)가 표현된다. 그런데 순간 대기노드와 방출 대기노드에는 아무런 정보가 없다. 순간 대기노드는 순간 활동노드와 유사한 개념으로 개체가 실제로 머무르지 않고 그냥 지나쳐가는 노드이고, 방출 대기노드는 개체가 시스템에서 빠져나가는 통로의 역할만 하기 때문이다.

(3) 변(edge) 색상구분

그림 1.11은 색상형ACD 형식론에 정의된 5가지 변(edge) 색상을 나타낸다. 각 변 색상에 대한 설명은 아래와 같다.

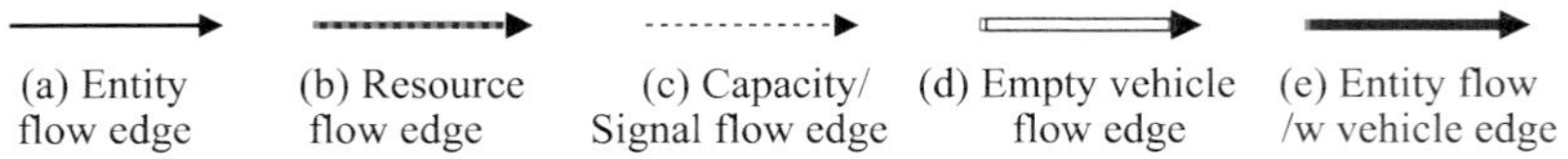

(a) Entity flow edge (b) Resource flow edge (c) Capacity/ Signal flow edge (d) Empty vehicle flow edge (e) Entity flow /w vehicle edge

그림 1.11　색상형ACD 형식론에 정의된 변(edge) 색상구분

- 개체흐름(Entity flow) 변 : 개체의 흐름
- 설비흐름(Resource flow) 변 : 설비의 흐름
- 용량/신호흐름(Capacity/Signal flow) 변 : 용량 및 신호의 흐름
- 빈차량흐름(Empty vehicle flow) 변 : 빈 운반차량이 스스로 이동 하는 흐름
- 개체차량흐름(Entity flow/w vehicle) 변 : 차량이 개체를 이송

지금까지 소개한 10가지 색상의 활동노드, 6가지 색상의 대기노드, 5가지 색상의 변은 저자들이 기존에 수행했던 여러 이산사건 시스템 모델링 연구에 기반하여 정의한 색상집합(color set)이다. 사용자는 기존에 정의된 색상집합으로만 모델링하기에 부족할 경우에는 직접 신규 색상을 정의하여 사용할 수 있고, 필요에 따라서는 현재 제공하고 있는 색상을 수정하여 모델링에 사용할 수도 있다.

색상형ACD 형식론도 1.1절에서 보인 ACD 형식론과 유사하게 수학적인 표현이 가능하다. 12개의 요소로 표현되었던 파라미터형 ACD 형식론에 7개의 요소가 추가되어 총 19개의 요소로 색상형ACD 형식론 기반의 모델을 수학적으로 표현할 수 있다. 자세한 사항은 부록 A.1에 기술되어있다.

1.3 색상형ACD 모델 예

그림 1.12는 그림 1.2의 단일서버 시스템에 대한 색상형ACD 모델을 보여주고 있고, 그림 1.13은 그림 1.8에 소개된 단순잡샵의 색상형 ACD 모델이다.

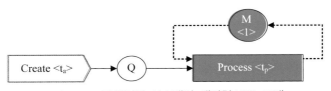

그림 1.12 단일서버 시스템의 색상형ACD 모델

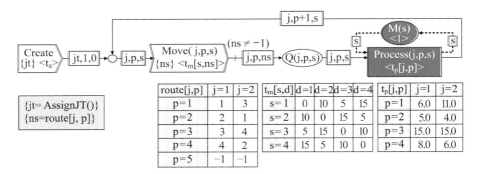

그림 1.13 단순잡샵 시스템의 색상형ACD 모델

이들 색상형ACD 모델은 색상 개념의 추가로 인해 각 활동노드와 대기노드의 모양만을 보고도 시스템 내에서 개체가 생성되어 이동, 대기, 작업을 순차적으로 수행한다는 것을 쉽게 확인할 수 있다. 특히 그림 1.13에서 보면 생성 활동노드 Create 및 순간 대기노드의 도입으로 그림 1.8의 파라미터형ACD 모델에 비하여 모델복잡도가 감소하였다.

참 고 문 헌

Tocher, KD (1960), An integrated project for the design and appraisal of mechanized decision-making control systems, *Operational Research*, Vol. 11, No 1/2, 1960, pp. 50-65.

Zeigler BP. *Theory of Modeling and Simulation*, John Wiley & Sons.

Jensen K (1981). Colored Petri nets and the invariant method, *Theoretical Computer Science* 14(3)

Schruben LW (1983). Simulation modeling with event graph models. *Communications of the ACM* 26(11)

Alur R and Dill D L (1994). A theory of timed automata. *Theoretical Computer Science* 126(2)

Schruben LW (1995). *Graphical Simulation Modeling and Analysis using SIGMA for Windows*. Boyd and Fraser.

BK Choi and DH Kang (2013), *Modeling and Simulation of Discrete-Event Systems*, John Wiley & Sons, 2013.

H Kim and BK Choi (2016), "Colored ACD and its Application", *Simulation Modelling Practice and Theory*, vol. 63, pp. 133-148, 2016.

김현식 (2017), Colored Activity Cycle Diagram형식론 개발 및 활용, 박사학위논문, KAIST, 2017.

Chapter 2

색상형ACD
모델링 방법론

만약 당신이 다루는 주제의 내용을 측정할 수 있고 또 그것을 숫자로 표현할 수 있다면 당신은 그것에 관해 무언가 안다고 말할 수 있다. 그러나 만약 당신이 그것을 숫자로 표현할 수 없다면 당신의 지식은 보잘 것 없으며 그 주제가 무엇이든 간에 당신의 사고(思考)수준은 아직 과학의 수준에는 전혀 이르지 못하고 있는 것이다
Lord Kelvin

본 장에서는 비교적 단순한 모델링 예제와 다양한 모델링 템플릿을 통해서 색상형ACD 모델링 방법론을 소개하고자 한다.

2.1 일렬작업라인 모델링

일렬작업라인(serial processing line)은 다양한 제조 산업에서 나타나는 대표적인 생산 라인의 형태 중 하나이다. 작업물은 일렬로 놓여진 설비들을 순서대로 거쳐가며 처리된다.

(1) 참조모델(reference model)

그림 2.1은 컨베이어로 연결된 3단계 일렬작업라인의 참조모델을 나타낸다. 작업이 수행되는 3개의 스테이션이 설치되어있고, 스테이션들은 컨베이어로 연결되어 있다. 라인의 시작과 끝은 각각 투입버퍼(I-Buffer)와 출하버퍼(O-Buffer)로 정의되어 있다. 투입버퍼에서 대기하던 작업물은 Station-1에서 첫 번째 작업을 시작한다. Station-1에서 공정이 완료된 작업물은 Conveyor-1에 빈 자리가 있을 때까지 그대로 Station-1에서 대기하다가 자리가 생기면 Conveyor-1을 타고 Station-2로 이송된다. 3단계의 모든 공정이 순차적으로 완료된 작업물은 최종적으로 출하버퍼에 저장된다.

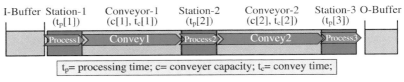

t_p= processing time; c= conveyer capacity; t_c= convey time;

그림 2.1 컨베이어로 연결된 3단계 일렬작업라인의 참조모델

(2) 정식모델(formal model)

그림 2.1에 나타난 컨베이어로 연결된 3단계 일렬작업라인을 고전형ACD 형식론에 따라 모델링하여 그림 2.2와 같은 정식모델을 얻는다. 투입버퍼(IB)에서 대기하고 있던 작업물은 1번 스테이션(S1)이 가용하면 첫 번째 공정(P1)을 진행한다. 공정이 완료된 후, 1번 컨베이어에 작업물이 탑승할 자리(B1)가 있으면, 작업물은 1번 스테이션에서 나와(U1) 1번 컨베이어에 탑승한다. 1번 컨베이어를 따라 이송(C1)

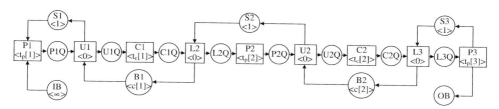

그림 2.2 컨베이어로 연결된 3단계 일렬작업라인의 고전형ACD 모델

이 완료된 작업물은 2번 스테이션(S2)이 가용하면, 1번 컨베이어에서 내려 2번 스테이션으로 로딩(L2)된다. 이와 같은 흐름을 반복하며 3단계 공정을 모두 완료한 작업물은 출하버퍼(OB)에 저장된다.

그림 2.1에 보여진 3단계 일렬작업라인을 색상형ACD 형식론을 사용하여 모델링 하면 그림 2.3의 색상형ACD 모델이 만들어진다. 이 모델에는 3개의 활동노드 색상(작업, 순간, 컨베이어 이송), 4개의 대기노드 색상(개체, 설비, 순간, 용량), 3개의 변 색상(개체흐름, 설비흐름, 용량/신호 흐름)이 사용되었다. 작업물이 대기하지 않고 단순히 거쳐 지나가는 대기노드들(U1Q, L2Q, U2Q, L3Q)은 모두 순간 대기노드로 정의되었고, 시간 진행 없이 스테이션과 컨베이어의 점유와 반환만을 담당하고 있는 활동들(U1, L2, U2, L3)은 모두 순간 활동노드로 정의되었다.

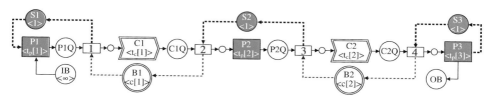

그림 2.3 컨베이어로 연결된 3단계 일렬작업라인의 색상형ACD 모델

(3) 일렬작업라인 모델의 파라미터화(parameterization)

제1장에서 소개된 단일서버 모델(그림 1.12 참조)에 2대의 설비를 추가하여 3단계 일렬작업라인 모델을 만들면 그림 2.4의 색상형ACD 모델이 얻어진다. 이때 이웃하는 설비는 무한 버퍼로 연결된다. 그림 2.4에 표시되어 있는 것처럼 3단계 일렬작업라인 색상형ACD 모델의 각 스테이션(= 버퍼 + 설비)은 동일한 패턴을 갖고 있는데, 스테이션 번호(k)를 파라미터 변수로 나타내면 그림 2.5와 같은 파라미터화 된 색상형ACD 모델이 얻어진다. 파라미터화의 장점은 스테이션 수가 늘어나도 모델은 동일하다는 데에 있다.

컨베이어로 연결된 3단계 일렬작업라인 모델도 유사한 방법으로 파라미터화할 수 있다. 그림 2.6은 그림 2.3의 색상형ACD 모델의 순간 활동노드의 이름만 변경한 것이다(예: '1'을 'U1'으로, '2'를 'L2'로, '3'을 'U2'로 변경). 또 그림 2.6에는 두 번째 스테이션(= 설비 + 컨베이어)을 대상으로 스테이션의 반복패턴이 표시되어 있다.

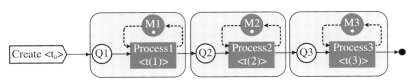

그림 2.4　무한버퍼 일렬작업라인의 색상형ACD 모델

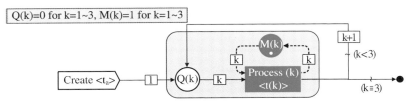

그림 2.5　그림 2.4의 일렬작업라인 색상형ACD 모델의 파라미터화

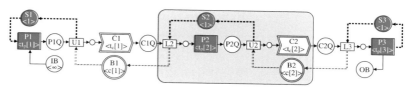

그림 2.6   그림 2.3 색상형ACD 모델의 반복패턴 및 순간 활동노드 이름 변경

일렬작업라인 색상형ACD 모델을 파라미터화 하려면 스테이션이
유사한 반복패턴을 갖도록 모델을 변형시켜야 한다. 그림 2.7은 (반복
패턴을 얻기 위하여) 그림 2.6 모델의 (a) 첫 스테이션(k=1)에 활동노
드 L1을 추가하고 (b) 마지막 스테이션(k=3)에 활동노드 U3과 대기
노드 P3Q, B3을 추가한 것을 보여주고 있다. 한편 그림 2.6과 2.7의
반복패턴을 이용하여 일렬작업라인 색상형ACD 모델을 파라미터화
하면 그림 2.8을 얻는다(N=스테이션 수).

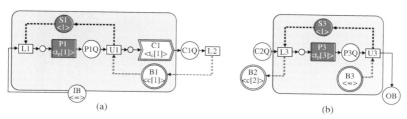

그림 2.7   (a) 첫 스테이션 및 (b) 마지막 스테이션의 반복패턴

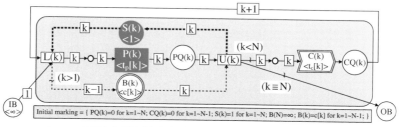

그림 2.8   그림 2.6의 일렬작업라인 색상형ACD 모델의 파라미터화

2.2 색상형ACD 모델링 템플릿

소개될 모델링 템플릿에는 복수설비, 보킹 및 블로킹, 배치생산 및 조립작업, 확률적 분기 및 유동적 도착프로세스, 설비고장, 우선순위 등이 있다.

(1) 복수설비 모델링

그림 2.9(a)는 4대의 고정형 복수설비로 구성된 작업 스테이션에 대한 색상형ACD 모델이고, 그림 2.9(b)는 변동형 복수설비에 대한 색상

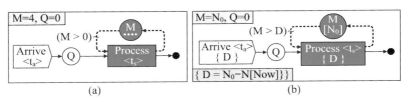

(a)   (b)

그림 2.9　(a) 고정형 복수설비 모델 및 (b) 변동형 복수설비 모델

표 2.1　그림 2.9(b)의 변동형 복수설비 모델에 대한 활동전이 테이블(ATT)

| No | 활동 노드 | 시작점 | | BTO이벤트 | | 완료점 | | |
		시작 조건	시작 액션	시간	이름	완료 조건	완료 액션	피영향 활동 노드
1	Arrive	True	$D=N_0-N[Now]$;	t_a	Arrived	True	Q++;	Arrive, Process
2	Process	$(M>D)$&$(Q>0)$	M--; Q--; $D=N_0-N[Now]$;	t_s	Processed	True	M++;	Process
초기화		초기 마킹=$\{M=N_0,\ Q=0\}$; Enabled Activities=$\{Arrive\}$						

형ACD 모델이다. 그림 2.9(a)의 Process 노드 시작 조건 '(M > 0)~'은 (default값이므로) 없어도 되지만 그림 2.9(b)와 비교하기 위하여 표기하였다. 그림 2.9(b)의 변동형 복수설비 모델에서는 작업 스테이션 내의 설비의 대수가 시뮬레이션 시간(Now)의 함수 N[Now]로 주어진다. 각 활동노드의 시작 점에서 설비대수 초기값(N_0)과 현재설비대수(N[Now])의 차(D)를 계산하여 (M > D)가 성립하면 활동노드 Process를 시작시킨다. 표 2.1은 변동형 복수설비 모델에 대한 ATT이다.

(2) 보킹(balking) 및 블로킹(blocking) 모델링

특정 서비스 시스템에 도착하는 고객이 대기장소가 없어 그냥 돌아가는 것을 보킹이라고 하고, 후속 버퍼가 가득 차서 완료된 작업물을 내려 놓을 수 없는 상황을 블로킹이라 한다. 그림 2.10은 보킹과 블로킹이 동시에 존재하는 가상적인 작업라인에 대한 색상형ACD 모델을 보여주고 있다. 대기장소(Q1)의 용량은 3인데(C1=3), 도착하는 작업물은 대기장소가 없으면(C1≡0) 활동노드 Balk에 의하여 밖으로 내보내지고 대기장소가 있으면 대기노드 Q1에 저장된다. M1에서 완료된 작업물은 후속 버퍼(Q3)가 비어있으면 대기노드 Q3에 저장되고 버퍼에 자리가 없으면 M1 내(Q2)에 머문다.

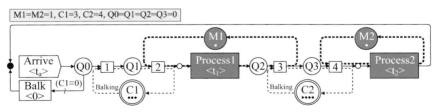

그림 2.10 보킹(balking) 및 블로킹(blocking) 모델

(3) 배치생산 및 조립작업 모델링

그림 2.11(a)는 한 번에 10개씩의 배치 단위로 생산하는 설비에 대한 색상형ACD 모델이고, 그림 2.11(b)는 '부품-1(P1) 3개와 부품-2 (P2) 2개를 조립작업'하는 설비에 대한 색상형ACD 모델이다. 표 2.2 는 배치생산 모델에 대한 ATT이다.

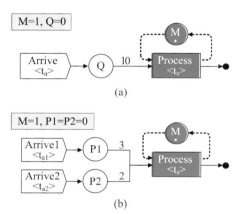

(a)

(b)

그림 2.11   (a) 배치생산 모델 및 (b) 조립작업 모델

표 2.2   그림 2.11(a)의 배치생산 모델에 대한 활동전이 테이블(ATT)

| No | 활동
노드 | 시작점 | | BTO이벤트 | | 완료점 | | |
		시작 조건	시작 액션	시간	이름	완료 조건	완료 액션	피영향 활동노드
1	Arrive	True	–	t_a	Arrived	True	Q++;	Arrive, Process
2	Process	(Q≥10)& (M>0)	M--; Q=Q-10;	t_s	Processed	True	M++;	Process
초기화		초기 마킹={M=1, Q=0}; Enabled Activities={Arrive}						

(4) 확률적 분기 모델링

그림 2.12는 확률적 분기가 있는 검사작업에 대한 색상형ACD 모델이다. 도착하는 작업물은 검사공정에서 90%는 합격판정을 받고 설비 M2에서 정상 작업을 거치고 나머지는 폐기(scrap)처분된다. 확률적 분기를 위하여 균등분포를 따르는 확률변수 $U \sim Uni(0,1)$를 생성하여 $U \le 0.9$이면 정상작업으로 처리하고 $U > 0.9$이면 폐기처분한다.

표 2.3은 검사작업 모델에 대한 ATT이다.

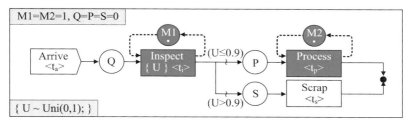

그림 2.12 확률적 분기가 있는 검사작업 모델

표 2.3 그림 2.12의 검사작업 모델에 대한 활동전이 테이블(ATT)

No	활동 노드	시작점		BTO이벤트		완료점		
		시작 조건	시작 액션	시간	이름	완료 조건	완료 액션	피영향 활동노드
1	Arrive	True	–	t_a	Arrived	True	Q++;	Arrive, Inspect
2	Inspect	$(Q > 0)$& $(M1 > 0)$	Q--; M1--; $U \sim Uni(0,1)$;	t_i	Inspected	True	M1++;	Inspect
						$(U \le 0.9)$	P++;	Process
						$(U > 0.9)$	S++;	Scrap
3	Process	$(P > 0)$& $(M2 > 0)$	P--; M2--;	t_p	Processed	True	M2++;	Process
4	Scrap	$(S > 0)$	S--;	t_s	Scraped	True		Scrap
초기화	초기 마킹＝{M1＝M2＝1, Q＝P＝S＝0}; Enabled Activities＝{Arrive}							

(5) 유동적 도착프로세스 모델링

유동적 도착프로세스에서 시간에 따라 변하는 도착률 $\lambda(t)$의 최대 값을 λ^*라 하면 현재 i번째 도착시간 $T=t_i$로부터 다음 도착시간 t_{i+1}을 정하는 알고리즘은 다음과 같다(이를 thinning알고리즘이라고 함).

Step1. $T=t_i$;

Step2. $U1 \sim Uni(0,1)$; $U2 \sim Uni(0,1)$; // 균등분포 확률변수 생성

Step3. $D = -(1/\lambda^*) \ln(U1)$; // 지수분포 확률변수 생성

Step4. $T = T + D$;

Step5. If $(U2 \le \lambda(t)/\lambda^*)$ then {Return $t_{i+1}=T$} else {go back to Step2}

그림 2.13은 유동적 도착프로세스를 갖는 단일서버 시스템의 색상형ACD 모델이다. 그림에서 $R_{max}=\lambda^*$, $R(t)=\lambda(t)$, $Exp()=$지수분포 생성기, $Uni(0,1)=$균등분포 생성기, $Now=$시뮬레이션 시간(clock)을 나타낸다.

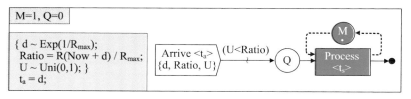

그림 2.13 유동적 도착프로세스 모델

(6) 설비고장 모델링

그림 2.14는 설비고장을 감안한 작업에 대한 색상형ACD 모델인데,

F=500은 고장간격시간(inter-failure time)이고 t_s=10은 작업시간이며 80은 고장수리에 걸리는 시간이다. 고장간격시간(F)을 설비의 수명이라고 간주하고 설비가 작업을 하면 작업시간(t_s)만큼 수명이 줄어든다고 가정한다. 따라서 잔여 수명이 작업시간보다 작아지면 '작업시간=잔여수명+수리시간'이 되고 수명은 다시 초기값(=500)이 된다. 고장이 나면 재작업 없이 작업물은 불량처리된다.

표 2.4는 설비고장을 감안한 작업 모델에 대한 ATT이다.

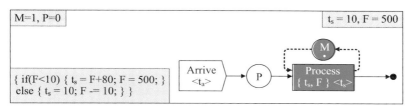

그림 2.14 설비고장을 감안한 작업 모델

표 2.4 설비고장 모델에 대한 활동전이 테이블(ATT)

No	활동 노드	시작점		BTO이벤트		완료점		
		시작 조건	시작 액션	시간	이름	조건	액션	피영향 활동노드
1	Arrive	True	–	t_a	Arrived	True	P++;	Arrive, Process

2	Process	(P > 0)& (M > 0)	P--; M--;
			If(F < 10)
			  {t_s=F+80; F=500}
			else
			  {t_s=10; F=F－10};
				t_s	Processed	True	M++;	Process

초기화		초기 마킹={M=1, P=0}; Variables={t_s=10, F=500}; Enabled Activities={Arrive}						

(7) 우선순위 모델링

그림 2.15는 우선순위가 포함된 자동차 정비소 색상형ACD 모델이다. 대상이 되는 자동차 정비소에는 3명의 기술자(T: technician)와 6명의 수리공(R: repairmen)이 있다. 수리할 자동차가 도착하면 기술자에 의해 검사(inspect)작업이 실시된다. 검사작업이 완료되면, 기술자 1명과 수리공 2명이 함께 자동차를 수리(repair)한다. 이 때, 기술자는

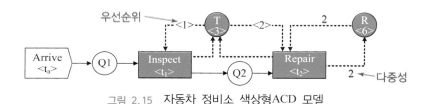

그림 2.15 자동차 정비소 색상형ACD 모델

표 2.5 그림 2.15의 자동차 정비소 모델에 대한 활동전이 테이블(ATT)

No	활동 노드	시작점		BTO이벤트		완료점		
		시작 조건	시작 액션	시간	이름	완료 조건	완료 액션	피영향 활동노드
1	Arrive	True	–	t_a	Arrived	True	Q1++	Arrive, Inspect
2	Inspect	(Q1 > 0)& (T > 0)	Q1--; T--;	t_1	Inspected	True	Q2++	Repair
						True	T++;	Inspect, Repair
3	Repair	Q2 > 0& T > 0& R > =2	Q2--; T--; R=R−2	t_2	Repaired	True	T++	Inspect, Repair
						True	R= R+2	Repair
초기화		초기 마킹={T=3, R=6, Q1=Q2=0}; Enabled Activities={Arrive}						

검사작업을 수리작업보다 우선순위로 수행한다. 이러한 실행 우선순위는 그림 2.15에서처럼 기술자 대기노드 T에서 활동노드 Inspect에 연결된 변의 우선순위를 <1>로 활동노드 Repair로 연결된 변의 우선순위를 <2>로 지정하면 된다. 실행 우선순위는 숫자가 작을수록 높은 우선순위를 갖는다.

표 2.5는 그림 2.15의 색상형ACD 모델에 대한 ATT인데 여기서는 '피영향 활동노드'들의 배열 순서에 의하여 우선순위가 결정된다.

2.3 유연생산시스템(FMS) 모델링

색상형ACD 모델링 방법론을 보다 심층적으로 설명하기 위하여 유연생산시스템(FMS flexible manufacturing system) 모델링 사례를 소개하고자 한다.

(1) FMS 소개

FMS는 컴퓨터로 제어되는 생산설비들과 자동반송 시스템을 포함하는 생산시스템이다. 그림 2.16은 전 세계적으로 가장 널리 보급된 것으로 알려진 Mazatrol FMS의 레이아웃을 보여주고 있다. 본 예제는 3개의 로딩/언로딩(L/U) 스테이션, 4대의 가공기계(MCT), 1대의 세척기계(WM), 1대의 3차원 측정기(CMM)를 갖추고 있으며, 1대의 스태커크레인(stacker crane)이 기계와 중앙버퍼(central buffer) 간의 작업물 이송을 담당하고 있다. 작업물이 시스템에 투입되면 로딩/언로딩 스테이션에서 로딩(loading) 작업을 수행한다.

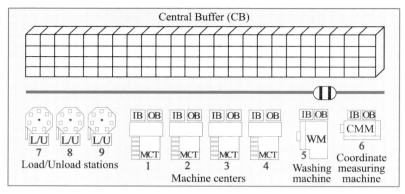

그림 2.16   Mazatrol FMS의 레이아웃

로딩이 완료된 작업물은 스태커크레인에 의해서 중앙버퍼에 이송된다. 중앙버퍼에서 대기하던 작업물은 첫 번째로 수행할 공정의 가공기계의 투입버퍼(IB)에 자리가 나면, 스태커크레인에 의해서 해당설비의 투입버퍼로 이송된다. 가공기계가 가용해지면 투입버퍼에서대기하던 작업물이 기계에 투입되고, 공정이 진행된다. 공정이 완료되고, 방출버퍼(OB)에 자리가 있으면, 작업물은 방출버퍼로 옮겨져 스태커크레인이 가지러 오길 기다린다. 스태커크레인은 방출버퍼에 있는 작업물을 중앙버퍼(CB)로 다시 이송하여 보관한다. 이와 같은 절차를 반복하며 각 작업물은 공정을 진행하고, 모든 공정이 완료되면로딩/언로딩 스테이션으로 이동하여 언로딩 된다.

(2) FMS의 색상형ACD 모델

그림 2.17은 Mazatrol FMS에 대한 색상형ACD 모델인데, 활동노드의 색상은 3종류(무색, 작업, 차량이송)이며 대기노드의 색상은 6종류(개체, 용량, 설비, 순간, 방출, 신호)이고, 변의 색상도 5종류(개체, 설

비, 용량/신호, 빈 운반 차량, 운반 차량의 개체 이송)에 달한다. 그림에서 개체 대기노드 AGV는 실제로는 하나인데 모델 가독성을 높이기 위하여 좌우에 하나씩 두 개를 두었다.

개체 대기노드 E0에 있던 작업물은 용량 대기노드 LU에 있는 작업자에 의하여 로딩(Load)된다. 작업물이 로딩되면 개체 대기노드 'AGV'에 있던 스태커크레인이 와서(=Move2LU) 작업물을 싣고(= Pick-LU) 중앙버퍼로 이동(=LU2CB)하여 저장(=Store0)한다. 이때 투입된 작업물은 가공이 완료되지 않았으므로(m>0) 개체 대기노드 N(j,p,m)에 보관된다. 모든 가공이 완료된 작업물은 m≡0값을 갖는다. 활동노드는 작업물 종류(j), 공정단계(p) 및 기계번호(m)를 나타내는 3개의 파라미터 값을 갖는다.

일반적으로 FMS의 운영규칙은 스태커크레인 작업분배 우선순위 (dispatching priority)에 의하여 결정된다. 스태커크레인 파견 요청은

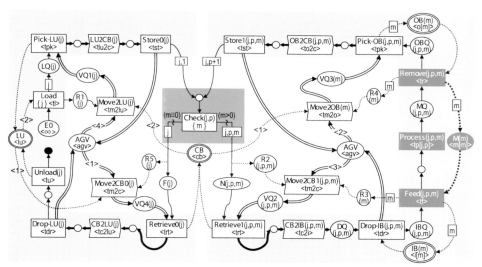

그림 2.17 FMS의 색상형ACD 모델

로딩/언로딩 스테이션에 작업물이 로딩될 때(대기노드R1), 중앙버퍼에 작업물이 저장될 때(R2, R5), 기계의 투입버퍼가 비었을 때(R3), 기계의 방출버퍼에 가공된 작업물이 놓여질 때(R4) 이루어진다. 한편 스태커크레인 작업분배 우선순위는 다음과 같다.

- 가공 완료된 작업물을 중앙버퍼에서 꺼내서 밖으로 이송
- 기계의 방출버퍼에 있는 작업물을 중앙버퍼로 이송
- 가공할 작업물을 중앙버퍼에서 기계의 투입버퍼로 이송
- 로딩/언로딩 스테이션의 투입 작업물을 중앙버퍼로 이송

2.4 색상형ACD 모델을 ARENA®모델로 변환하기

Arena®에서는 ① 각 활동 모듈을 정의하고 이들 간의 흐름을 나타내는 플로우차트 모델링과 ② 모델 내에서 사용되는 설비(기계 및 버퍼)의 명세를 정의하는 데이터 모델링의 2 단계를 통해 모델이 얻어진다. 본 절에서는 2.2절에서 소개한 모델링 템플릿 중 3개를 선정하여 색상형ACD 모델을 Arena 모델로 변환하는 절차에 대해 설명한다.

(1) 고정형 복수설비 모델

그림 2.18은 2.2.1절에서 소개한 고정형 복수설비로 구성된 라인의 색상형ACD 모델을 Arena 모델로 변환하는 관계를 나타내고 있는데, 아래와 같이 5개의 변환 규칙을 통해 색상형ACD 모델에서 Arena 모델로 변환된다.

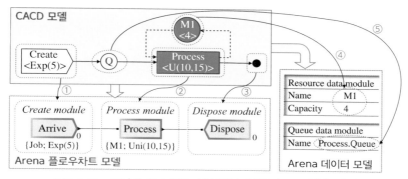

그림 2.18 고정형 복수설비 시스템의 ACD-Arena 변환 관계

① 생성 활동노드는 Arena 플로우차트 모델의 Create 모듈로 변환
② 작업 활동노드는 Arena 플로우차트 모델의 Process 모듈로 변환(Process 모듈 대신 Seize – Delay – Release 모듈 세트로도 변환 가능)
③ 방출 대기노드는 Arena 플로우차트 모델의 Dispose 모듈로 변환
④ 설비 대기노드는 Arena 데이터 모델의 Resource 모듈로 변환
⑤ 개체 대기노드는 Arena 데이터 모델의 Queue 모듈로 변환

그림 2.18의 변환 규칙에서 확인할 수 있듯이, 색상형ACD 모델의 활동노드는 Arena의 플로우차트 모듈로, (방출 대기노드 이외의) 대기 노드는 데이터 모듈로 변환된다. 위의 변환 관계에 따라 만들어진

Create 모듈

	Name	Entity Type	Type	Value	Units	Entities per Arrival	Max Arrivals	First Creation
1	Arrive	Job	Random (Expo)	5	Minutes	1	Infinite	0.0

Process 모듈

	Name	Type	Action	Priority	Resources	Delay Type	Units	Allocation	Minimum	Maximum	Report Statistics
1	Process	Standard	Seize Delay Release	Medium(2)	1 rows	Uniform	Minutes	Value Added	10	15	☑

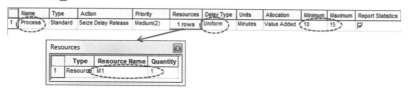

Resources		
	Type	Resource Name	Quantity
1	Resource	M1	1

그림 2.19(a) 고정형 복수설비 Arena 모델의 상세 내역(플로우차트 모듈)

Resource data 모듈

Name	Type	Capacity	Busy / Hour	Idle / Hour	Per Use	StateSet Name	Failures	Report Statistics
M1	Fixed Capacity	4	0.0	0.0	0.0		0 rows	☑

Queue data 모듈

Name	Type	Shared	Report Statistics
Process.Queue	First In First Out	☐	☑

그림 2.19(b)　고정형 복수설비 Arena 모델의 상세 내역(데이터 모듈)

Arena 모델 내 각 모듈들의 상세 정의 내역은 아래 그림 2.19(a), 2.19(b) 와 같다.

(2) 배치생산 모델

그림 2.20은 2.2.3절에서 소개한 배치생산 색상형ACD 모델을 Arena 모델로 변환하는 관계를 나타내고 있다. 배치생산 예제에서는 앞서 정의된 (고정형 복수설비 예제에서 사용한) 변환 규칙과 함께 배치생산을 모델링하기 위한 1개의 신규 변환 규칙을 통해 색상형ACD 모델에서 Arena 모델로 변환된다.

⑥ 변의 다중성(multiplicity)은 Arena 플로우차트 모델의 Batch 모듈로 변환

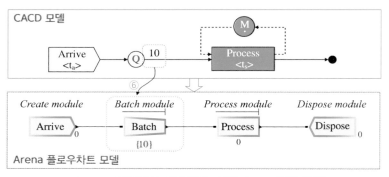

그림 2.20　배치생산 시스템의 ACD-Arena 변환 관계

Name	Type	Batch Size	Save Criterion	Rule	Representative Entity Type
Batch	Permanent	10	Last	Any Entity	

그림 2.21   배치생산 시스템 Arena 모델 내 Batch 모듈의 상세 정의 내역

배치생산 시스템의 Arena 모델은 4개의 플로우차트 모듈(Create, Batch, Process, Dispose)과 2개의 데이터 모듈(Resource, Queue)로 모델링 할 수 있다. 위의 변환관계에 따라 만들어진 Arena 모델에서 작업물 배치를 나타내는 Batch 모듈의 상세 정의 내역은 그림 2.21과 같다.

(3) 확률적 분기 모델

그림 2.22는 확률적 분기가 있는 검사작업 색상형ACD 모델을 Arena 모델로 변환하는 관계를 나타내고 있다. 검사작업 예제에서는 앞의 고정형 복수설비 시스템 예제에서 사용한 변환 규칙과 함께 아래 2개의 신규 변환규칙을 통해 색상형ACD 모델에서 Arena 모델로 변환된다.

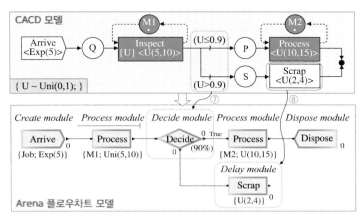

그림 2.22   확률적 분기가 있는 검사작업라인의 ACD-Arena 변환 관계

⑦ 변의 분기는 Arena 플로우차트 모델의 Decide 모듈로 변환
⑧ 무색 활동노드는 Arena 플로우차트 모델의 Delay 모듈로 변환(변수갱신이 있
는 경우에는 변수갱신을 담당할 Assign 모듈을 추가)

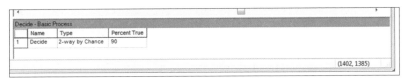

그림 2.23 검사작업라인 Arena 모델 내 Decide 모듈의 상세 정의 내역

검사작업라인의 Arena 모델은 5종류의 플로우차트 모듈(Create, Process, Decide, Delay, Dispose)과 2종류의 데이터 모듈(Resource, Queue)로 모델링할 수 있는데, Decide 모듈의 상세 정의 내역은 그림 2.23과 같다.

2.5 모델링형식론에 관한 교육이 과연 필요한가?

최근 사용하기 편하고 기능이 향상된 상업용 시뮬레이션 패키지들이 널리 보급되면서 대학에서의 시뮬레이션 교육은 패키지 사용법을 잘 가르치는 것으로 충분하다는 주장이 설득력을 얻고 있다. 이와 관련하여 제기되고 있는 "모델링형식론에 관한 교육이 과연 필요한가?"라는 의문은 매우 중요하며 답하기 쉽지 않은 질문이다. 대학에서 학사과정 학생들에게 모델링형식론을 가르치는 것이 필요하리라고 강변하는 대신 모델링형식론, 특히 색상형ACD 형식론의 특징을 살펴보고자 한다.

책 서두에서 살펴본 바와 같이 이산시스템 모델링형식론에는 ACD

형식론, 페트리넷, DEVS, 이벤트그래프 등이 있다. 이들 모델링형식
론의 공통점은

- 모델링언어로써의 의미론과 문법이 잘 정의되어 있고
- 모델을 실행시킬 알고리즘이 잘 알려져 있고, 따라서
- 모델실행도구(예: CPN Tool®, DEVS SIM++®)가 잘 개발되어 있
  다. 이러한 공통점을 토대로 모델링형식론, 특히 색상형ACD 형
  식론의 특징을 상업용 패키지와 비교하여 살펴보고자 한다.

첫째, 모델링형식론은 영어, 독일어와 같은 표준어인 반면 특정 시
뮬레이션 패키지는 하나의 방언인 셈이다. 따라서 M&S(모델링 및 시
뮬레이션)에 관한 논문을 발표하려면 반드시 모델링형식론을 따라야
한다. 둘째, 모델링형식론은 모델링 이론에 입각하는 반면 시뮬레이션
패키지는 모델링 기법을 다룬다. 따라서 M&S에 관한 기본 개념을 교
육시키거나 학술적 연구를 수행하려면 반드시 모델링형식론을 사용
해야 한다.

셋째, 각 모델링형식론은 해당 영역에서는 최상의 C3(complete,
clear, concise)모델을 제공한다. 모든 공학적 모델은 완전하고, 명확하
고, 간결해야 한다. 제2.2절과 2.3절에 제시된 색상형ACD 모델들은
최상의 C3모델이라고 말할 수 있다. 예를 들어 제1장의 그림 1.13에
제시된 잡샵 모델이나 제2.3절의 그림 2.17에 제시된 FMS 모델은 해
당 시스템을 기술하는 "가장 간결명료하고 완전한(C3)" 모델이다.

넷째, 각 모델링형식론은 모델을 실행시킬 알고리즘과 모델실행도
구가 잘 알려져 있어서 제4차 산업혁명에 필수적인 온라인 시뮬레이
션 기반 관리솔루션의 개발에 핵심 모듈로 사용될 수 있다(제3.3절 참
조). 반면 상업용 패키지는 오프라인 시뮬레이션을 통한 단편적인 성

능분석 도구 역할을 한다. 이상의 고찰을 통하여 학부과정에서의 모델링형식론에 대한 교육은 필수적이라고 결론 내릴 수 있을 것이다. 연속시스템을 다루는 기본 공학에서 미분방정식을 배우는 것이 필수적인 것처럼 이산시스템을 다루는 산업공학에서 이산사건 모델링형식론을 배우는 것은 필수적인 것이다.

참 고 문 헌

BK Choi and DH Kang (2013), *Modeling and Simulation of Discrete-Event Systems*, John Wiley & Sons, 2013.

H Kim and BK Choi (2016), "Colored ACD and its Application", *Simulation Modelling Practice and Theory*, vol. 63, pp. 133-148, 2016.

Chapter 3

색상형ACD와
스마트팩토리

모든 모델은 부정확하다, 그러나 어떤 모델은 유용하다
George E.P. Box

2백여 년 전의 산업혁명이 증기기관의 발명에서 시작된 것처럼 최근 각광을 받고 있는 제4차 산업혁명은 Industry 4.0이라고 알려진 스마트팩토리에서 비롯되었다고 볼 수 있을 것이다. 그런데 스마트팩토리 구현을 위해서는 공장 내의 모든 설비와 공정을 세부적으로 모델링하고 실시간으로 올라오는 현장상태 데이터를 반영하여 온라인 시뮬레이션을 실행시켜야 한다. 색상형ACD는 온라인 시뮬레이션을 지원하기 위한 목적으로 고안되었다.

3.1 모델검증(model validation) 용이성

색상형ACD 형식론이 기존 ACD 형식론에 비해 얼마나 모델검증이 용이한지를 정량적으로 나타내는 모델검증지표(MVI model validation index)

가 제안되었다. MVI는 참조모델의 모델링요소와 ACD 모델의 노드와의 대응관계를 수치화한 지표인데 수식으로 나타내면 아래와 같이 정의된다.

MVI＝(ACD 모델 노드 색상 수)÷(참조모델 모델링요소 타입 수)

2.1절에서 설명한 일렬작업라인은 3개의 생산설비, 2개의 물류설비, 2개의 보관설비로 구성되어 있다. 표 3.1은 그림 2.1에 소개된 컨베이어로 연결된 3단계 일렬작업라인의 참조모델에 정의된 모델링요소들을 나타낸다.

생산설비와 물류설비는 작업물에 대하여 특정한 활동을 수행하며, 보관설비는 작업물이 대기하는 공간이다. 생산설비인 스테이션은 작업(Process1, Process2, Process3)을 수행하고, 물류설비인 컨베이어는 작업물의 이송(Convey1, Convey2)을 담당한다. 이러한 활동노드 외에도 작업물이 스테이션에서 컨베이어로, 반대로 컨베이어에서 스테이션으로 이동되는 이벤트도 존재한다. 이와 같은 이벤트는 한 활동의 끝과 다음 활동의 시작을 연결한다고 하여 결합이벤트(coupled event)

표 3.1 컨베이어로 연결된 3단계 일렬작업라인의 모델링요소

모델링 요소	타입	이름
설비(Resource)	생산설비	Station-1, Station-2, Station-3
	물류설비	Conveyor-1, Conveyor-2
	보관설비	I-Buffer, O-Buffer
활동(Activity)	작업	Process1, Process2, Process3
	이송	Convey1, Convey2
이벤트(Event)	결합이벤트	Unload1-Enter1, Leave1-Load2, Unload2-Enter2, Leave2-Load3

표 3.2 일렬작업라인의 모델링요소와 ACD 노드 간의 대응 관계

모델링 요소	참조 모델(그림 2.1)			ACD 모델(그림 2.2)	
	타입	설비 이름	색상	노드 이름	
설비	생산설비	Station-1, Station-2, Station-3	대기 노드	IB, S1, P1Q, B1, U1Q, C1Q, S2, L2Q, P2Q, B2, U2Q, C2Q, S3, L3Q, OB	
	물류설비	Conveyor-1, Conveyor-2			
	보관설비	I-Buffer, O-Buffer			
활동	작업	Process1, Process2, Process3	활동 노드	P1, U1, C1, L2, P2, U2, C2, L3, P3	
	이송	Convey1, Convey2			
이벤트	결합 이벤트	Unload1-Enter1, Leave1-Load2, Unload2-Enter2, Leave2-Load3			

이라고 부른다. 예를 들어 작업물이 1번 스테이션에서 작업이 끝나서 내려오는(Unload1) 이벤트와 1번 컨베이어로 탑승하는(Enter1) 이벤트는 동시에 일어나는 결합이벤트 Unload1-Enter1이 된다.

표 3.2는 모델링요소(표 3.1 참조)와 ACD 모델 노드(그림 2.2참조)와의 대응 관계를 나타낸 표이다. 이 표에서는 ACD 모델의 노드 색상과 참조모델의 설비 타입과의 대응관계가 명확하지 않다. 예를 들어 ACD 모델의 S1 대기노드가 설비요소 중 작업물의 공정을 담당하는 생산설비를 표현하고 있는지, 작업물의 이송을 담당하는 물류설비를 나타내는지, 작업물이 대기하고 있는 보관설비를 나타내는지 바로 구분해내기는 어렵다.

표 3.3은 그림 2.3에 소개된 일렬작업라인 색상형ACD 모델의 노드와 참조모델의 모델링요소 간의 대응 관계를 나타내고 있다. 기존 ACD 모델과는 다르게 활동노드와 대기노드의 색상이 구분되어 있기 때문에, 특정한 색상을 갖는 활동노드나 대기노드가 특정 타입의 모델링요소로 대응되는 것을 확인할 수 있다. 예를 들어, 설비 대기노드

표 3.3 일렬작업라인의 모델링요소와 색상형ACD 노드 간의 대응 관계

모델링 요소	참조모델		색상형ACD 모델	
	타입	이름	색상	이름
설비	생산설비	Station-1, Station-2, Station-3	설비 대기노드	S1, S2, S3
	물류설비	Conveyor-1, Conveyor-2	용량 대기노드	B1,B2
	보관설비	I-Buffer, O-Buffer	개체 대기노드	IB, OB
활동	작업	Process1, Process2, Process3	작업 활동노드, 개체 대기노드	P1 & P1Q, P2 & P2Q, P3
	이송	Convey1, Convey2	컨베이어 활동노드, 개체 대기노드	C1 & C1Q, C2 & C2Q
이벤트	결합 이벤트	Unload1-Enter1, Leave1-Load2, Unload2-Enter2, Leave2-Load3	순간 활동노드	1, 2, 3, 4

S1은 생산설비 Station-1에 해당되며, 컨베이어이송 활동노드 C1과 여기에 바로 연결된 개체 대기노드 C1Q는 이송활동요소 Convey1에 대응됨을 보여주고 있다. 참조모델에는 6가지 타입의 모델링요소들이 있는데 ACD 모델에는 2종류의 노드들이 있고 색상형ACD 모델에는 6종류의 노드들이 있다. 따라서 기존 ACD 모델의 MVI값은 2/6 = 1/3이고, 색상형ACD 모델의 MVI값은 6/6 = 1을 얻는다.

색상형ACD 모델을 사용하면 MVI 지표가 1/3에서 1로 높아짐을 알 수 있다. 그림 3.1에서 볼 수 있듯이, 색상형ACD 모델은 참조모델과 유사한 구조를 갖고 있기 때문에, 모델링 전문가가 아니더라도 모델을 보다 쉽게 검증할 수 있다는 장점이 있다. 따라서 모델링 전문가가 만든 색상형ACD 모델을 현장 엔지니어가 실제 현장을 잘 반영하는지 쉽게 확인할 수 있고, 이 두 사람이 함께 협업하여 목적에 맞는 시뮬레이션 분석을 할 수 있다.

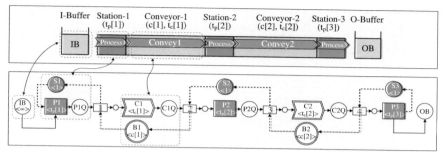

그림 3.1 컨베이어로 연결된 일렬작업라인의 참조모델과 색상형ACD 모델

3.2 체계적 모델초기화(model initialization) 지원

시뮬레이션 모델초기화는 대상 시스템 현장의 현재상태를 시뮬레이션 모델의 초기 상태로 반영하는 작업으로, 온라인 시뮬레이션에는 반드시 필요한 작업이다. 본 절에서는 현장의 현재상태 정보를 색상형ACD 모델의 초기 상태로 반영하는 일반적인 절차에 대해 소개하고자 한다.

(1) 대상 시스템 현장의 현재상태정보

대상 시스템 현장의 각 설비(resource)가 현재 작업하고 있는지 여부와 각 개체(entity)의 위치 등을 현재상태정보로 정의할 수 있는데 현장 내의 설비는 크게 생산설비, 물류설비, 보관설비로 구분할 수 있다. 생산설비는 제조산업 분야에서 작업물을 처리하는 기계와 서비스 산업 분야에서 고객에게 특정한 서비스를 제공하는 사람 등을 뜻한다. 물류설비는 작업물 혹은 고객을 이동시키는 컨베이어나 차량 등

표 3.4 현장의 현재상태 정보 예

모델링 요소		현장에서 획득할 수 있을 현재 상태 정보 예
설비 (Resource)	생산설비	• 설비 상태 : Busy/Idle/Fail/Repair/Block …… • 잔여 작업시간(설비상태≡Busy인 경우) • 설비에 올려진 작업물 리스트
	물류설비	• 이송 중인 작업물 리스트 • 작업물별 잔여 이송시간 • 이송 후 대기 중인 작업물 리스트
	보관설비	• 보관 중인 작업물 리스트
개체 (Entity)		• 작업물 ID + 타입 • 작업물 상태 : 작업/대기/이송 …… • 현 위치 + 공정단계

과 같은 운송수단을 뜻하며, 보관설비는 작업물이나 고객이 대기하는
물리적인 장소를 의미한다. 한편 활동의 대상이 되는 작업물 혹은 고
객을 개체(entity)라 부른다. 표 3.4에 일반적인 제조 및 서비스 시스템
현장의 현재상태 정보의 예를 보여주고 있다.

그림 3.2는 앞서 그림 2.1에서 소개한 일렬작업라인의 참조모델 상
에 특정 시각의 현재상태를 표현한 그림이다. 그림에서 투입버퍼
(I-Buffer)와 출하버퍼(O-Buffer)에는 각각 91개와 0개의 작업물이 있
다. 생산설비 중 Station-1은 작업공정을 완료하였지만 Conveyor-1에
빈 자리가 없어 블로킹(blocking) 상태에 있고, Station-2는 작업공정을
진행 중에 있으며, Station-3는 작업물을 기다리는 상태에 있다. 물류
설비인 Conveyor-1위에는 2개의 작업물이 이송 중이고 3개의 작업물
은 컨베이어 끝까지 이동을 완료하고 로딩되기 위해 대기하는 중에
있으며, Conveyor-2 위에는 1개의 작업물만 현재 이송 중이다.

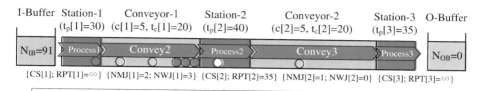

그림 3.2 컨베이어로 연결된 3단계 일렬작업라인의 현재상태

그림 3.2의 일렬작업라인의 현재상태는 표 3.4에 있는 현재상태정 보를 바탕으로 아래와 같이 변수 형태로 표현할 수 있다.

- CS[j] : Station-j의 현재 상태=(Idle, Busy, Blocked)
- RPT[j] : Station-j의 남은 작업 시간(작업 중이 아닌 경우는 ∞)
- N_{IB} : 투입버퍼에 보관 중인 작업물 개수
- N_{OB} : 출하버퍼에 보관 중인 작업물 개수
- NMJ[k] : Conveyor-k에서 이송 중인 작업물 개수(number of moving jobs)
- NWJ[k] : Conveyor-k에서 이동을 마치고 끝에서 대기 중인 작업 물 개수

위 변수를 사용하면 그림 3.2의 현재상태정보는 아래와 같은 값을 갖는다.

- CS[1]=Blocked; CS[2]=Busy; CS[3]=Idle; // current state
- RPT[1]=∞; RPT[2]=35; RPT[3]=∞; // remaining processing time
- N_{IB}=91; N_{OB}=0; // number jobs in the input/output buffer
- NMJ[1]=2; NMJ[2]=1; // number of moving jobs
- NWJ[1]=3; NWJ[2]=0; // number of waiting jobs

(2) 대기노드 초기화

대기노드 초기화란 ACD 모델의 개별 대기노드의 값(즉, 토큰 개수)을 결정하는 것을 말하는데, 색상형ACD 모델의 대기노드에 대하여 아래와 같이 색상별로 일반화된 초기화 규칙을 정의할 수 있다(순간 대기노드는 항상 0).

- 개체 대기노드값=해당되는 보관설비에서 대기 중인 개체 개수
- 설비 대기노드값=(해당 생산설비 총 수)−(작업 중인 해당 생산설비 수)
- 용량 대기노드값=(해당 설비 총 용량)−(그 설비에 있는 개체 개수)
- 신호 대기노드값=해당 신호를 요청한 개체 개수

각 설비의 현재상태 정보는 위와 같이 대기노드의 초기 토큰 숫자를 구하는 데 사용된다. 개체 대기노드와 신호 대기노드의 경우에는 해당 개체(작업물)의 개수가 대기노드의 토큰 숫자로 반영되며, 용량 대기노드와 설비 대기노드의 경우에는 해당 설비의 전체 용량 혹은 총 설비 대수를 마스터데이터를 통해 얻어 현재 사용 중인 개수를 빼주는 방식으로 토큰 숫자를 구할 수 있다. 순간 대기노드에는 토큰이 머물지 않으므로 초기화 단계에서 고려하지 않거나 값을 0으로 놓는다. 방출 대기노드 역시 개체가 시스템에서 빠져나가는 대기노드이므로 초기화에 포함하지 않아도 무방하나, 만약 방출 대기노드의 초기화가 필요할 경우, 현재까지 시스템에서 빠져나간 작업물의 숫자를 해당 방출 대기노드의 토큰 숫자로 초기화할 수 있다.

그림 3.3은 그림 2.3의 일렬작업라인에 대한 색상형ACD 모델인데 각 노드에 초기화가 필요한 부분을 물음부호로 표기하였다. 초기화가

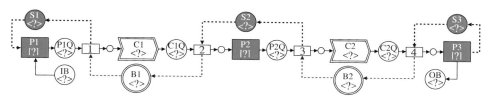

그림 3.3　일렬작업라인의 색상형ACD 모델(초기화 부분을 물음표로 표시)

필요한 대기노드는 설비 대기노드 3개(S1, S2, S3), 개체 대기노드 6개(IB, P1Q, C1Q, P2Q, C2Q, OB) 및 용량 대기노드 2개(B1, B2) 등 총 11개이다.

아래의 수식들은 11개 대기노드를 초기화하기 위해 정의된 대기노드 초기화 규칙이다. 각 대기노드의 초기화 규칙은 마스터 데이터(master data) 중 컨베이어의 용량(capacity)을 나타내는 c[k]와 위에서 정의된 현재상태정보의 값을 이용하여 다음과 같이 정의할 수 있다.

- 개체 대기노드값

  $IB = N_{IB} = 91;$

  $P1Q = (CS[1] \equiv Blocked) = 1;$

  $P2Q = (CS[2] \equiv Blocked) = 0$ //blocking 된 개체;

  $C1Q = NWJ[1] = 3;$

  $C2Q = NWJ[2] = 0$ // 컨베이어에서 waiting 중인 개체;

  $OB = N_{OB} = 0;$

- 설비 대기노드값

  $S1 = (CS[1] \equiv Idle) = 0;$

  $S2 = (CS[2] \equiv Idle) = 0;$

  $S3 = (CS[3] \equiv Idle) = 1;$

- 용량 대기노드 값

  B1＝c[1]−(NMJ[1]+NWJ[1])＝5−(2+3)＝0 // 컨베이어-1 잔여
  　　용량;

  B2＝c[2]−(NMJ[2]+NWJ[2])＝5−(1+0)＝4 // 컨베이어-2 잔여
  　　용량;

(3) 활동노드 초기화 및 개체상태 반영

활동노드 초기화란 ACD 모델의 개별 활동노드의 값(즉, 진행 중인 작업이 끝나는 시각)을 결정하는 것을 말하는데, 색상형ACD 모델의 활동노드에 대하여 아래와 같이 색상 별로 일반화된 초기화 규칙을 정의할 수 있다.

- 작업 활동노드값＝진행 중인 작업이 완료되는 시각
- 이송/이동 활동노드값＝진행 중인 이송 또는 이동이 완료되는 시각
- 무색/지연 활동노드값＝진행 중인 활동이 완료되는 시각
- 이동＋작업 활동노드값＝진행 중인 이동과 작업이 완료되는 시각
- 생성 활동노드값＝해당 노드에서 다음 개체가 생성되는 시각

순간 활동노드와 분기 활동노드는 항상 해당 활동의 진행 시간이 0인 활동들이므로 초기화 단계에서 고려하지 않는다.

그림 3.3에 표시된 바와 같이 3개의 작업 활동노드(P1, P2, P3)와 2개의 이송 활동노드(C1, C2)는 초기화가 필요하다. 각 활동노드의 초기화값은 진행 중인 활동들의 예상 완료 시각, 즉 발생예정이벤트 (BTO event) 시각인데 아래와 같이 결정된다. 기계(P1, P2, P3)의 경우 현재상태가 Busy이면 RPT값을 사용한다. 컨베이어(C1, C2)의 경우, 일정한 속도로 작업물을 이송하는 물류설비이기 때문에 현재 이

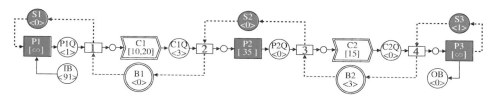

그림 3.4 모든 노드가 초기화된 색상형ACD 모델

송 중인 작업물들이 등 간격으로 놓여져 있다고 보고 계산하는 방식
으로 남은 이송 시간을 사용했다. 그림 3.4에는 모든 노드의 초기화
값이 표기된 색상형ACD 모델을 보여주고 있다.

- 작업 활동노드값
  P1 = ∞; P2 = 35; P3 = ∞; // RPT[1] = RPT[3] = ∞; RPT[2] = 35
- 이송 활동노드값
  C1 = {10, 20}; C2 = {15} // $t_c[1]$ = 30; $t_c[2]$ = 30

시뮬레이션 실행에서 활동노드의 초기화는 해당 활동(activity)의 종
료가 발생예정(BTO_{bound-to-occur}) 시각에 일어날 수 있도록 BTO이벤트
를 미래이벤트리스트(FEL_{future event list} - 부록 A.2 참조)에 스케줄링
(scheduling)하는 방식으로 진행된다. 그림 3.4의 활동노드에 대한 초
기화 스케줄링은 아래와 같이 정의될 수 있다.

- Schedule-event(P2-end, 35);
- Schedule-event(C1-end, 10); Schedule-event(C1-end, 20);
- Schedule-event(C2-end, 15);

위의 초기화 스케줄링을 스케줄 생성 규칙으로 나타내면 아래와
같다.

- 작업 활동노드의 BTO이벤트 스케줄링

If (CS[1]≡Busy) {Schedule-event(P1-end, RPT[1])};

If (CS[2]≡Busy) {Schedule-event(P2-end, RPT[2])};

If (CS[3]≡Busy) {Schedule-event(P3-end, RPT[3])};

- 이송 활동노드의 BTO이벤트 스케줄링

If (NMJ[1] > 0) {d=t_c[1]/(NMJ[1]+1);

For j=1 to NMJ[1] {Schedule-event(C1-end, j*d)} };

If (NMJ[2] > 0) {d=t_c[2]/(NMJ[2]+1);

For j=1 to NMJ[2] {Schedule-event(C2-end, j*d)} };

각 개체가 설비 없이 단독으로 처리하거나 혹은 생산설비나 물류설비에 의해 처리되고 있는 활동들은 활동노드 초기화를 통해 반영된다. 그러나 개체의 종류, 현 공정단계 등을 나타내는 개체속성(entity attribute) 정보는 활동노드 초기화 규칙에서 사용되지 않는다. 이러한 개체의 속성과 관련된 현재상태 정보는 파라미터를 통해 모델의 초기상태에 반영된다. 예를 들어 그림 1.13의 단순잡샵 모델에서 작업물 타입이 1이고(j=1) 2번째 공정을 수행하기 위해(p=2) 2번 스테이션 앞에서 대기 중인(s=2) 작업물은, 파라미터값이 j=1 & p=2 & s=2 인 Q 대기노드에 보관되므로, Q(1,2,2)의 토큰 초기값에 표현된다. 한편 작업물 타입이 2번 타입이고, 1번째 공정을, 3번 스테이션에서 처리 중이고, 작업이 완료될 때까지 7만큼의 시간이 남은 작업물은 Process(2,1,3) 활동이 시뮬레이션 시각 7에 완료되도록 해당 활동노드를 초기화한다.

3.3 스마트팩토리 구현을 리드하는 색상형ACD 모델링형식론

최근 각광을 받고 있는 '제4차 산업혁명'의 원동력은 Industry 4.0이라고 알려진 '스마트팩토리(smart factory)'의 구현에 있다고 한다. "공장 내 설비와 기계에 센서가 설치되어 데이터가 실시간으로 수집, 분석되어 공장 내 모든 상황들이 일목요연하게 보여지고, 현황 데이터를 분석해 목적된 바에 따라 스스로 제어되는 공장"을 '스마트팩토리'라고 부른다.

그런데 공장의 현황 데이터를 분석해 목적된 바에 따라 스스로 제어할 수 있으려면 공장 내의 모든 설비와 공정을 세부적으로 모델링하고 실시간으로 공장의 세부적인 현장상태를 반영하여 온라인 시뮬레이션을 실행시켜야 한다. 따라서 온라인 시뮬레이션을 지원하는 모델링형식론은

- 복잡하고 해상도가 높은 모델을 쉽게 생성하고 검증할 수 있고
- 실시간으로 올라오는 현장 데이터를 기반으로 모델 초기화가 용이해야 한다.

제3.1절과 3.2절에서 살펴본 바와 같이 색상형ACD는 모델검증과 모델초기화 기능향상을 염두에 두고 고안된 모델링형식론이다.

그림 3.5는 '스마트팩토리'의 운영체계에 해당하는 스마트 생산운영시스템이 스마트폰 내비게이터(navigator)와 유사하다는 것을 개념적으로 보여주고 있다.

내비게이터는

- 차량의 현재위치정보를 GPS에서 수신하고

- 현재의 교통상황정보를 ITS(intelligent traffic system)에서 얻은 후
- 지속적인 온라인 시뮬레이션을 통해 경로를 (재)탐색하여 길안내 정보를 실시간으로 제공한다.

공장의 '스마트 생산운영시스템'도 유사하게

- 현재까지의 목표대비 생산실적을 ERP(enterprise resource planning) 시스템에서 받고
- 공장현황 정보를 MES(manufacturing execution system)로부터 파악한 후
- 지속적인 온라인 시뮬레이션을 통해 생산스케줄링을 (재)수행하여 생산에 필요한 정보를 담당자에게 실시간으로 제공한다.

제5장에 소개된 바와 같이 색상형ACD 모델링형식론은 복잡도가 매우 높은 전자부품(반도체/LCD) Fab, 다수 진료과로 구성된 종합병원 등을 간결하게 모델링할 수 있게 해주고, 특히 온라인 시뮬레이션을 위한 모델초기화를 체계적으로 지원하고 있다.

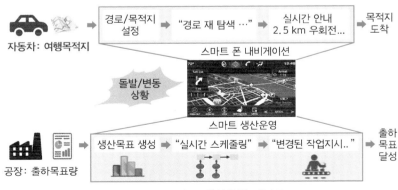

그림 3.5 스마트 생산운영 개념도

그림 3.6에는 4개의 온라인 시뮬레이터로 구성된 '온라인 시뮬레이션 기반 스마트 생산운영시스템'의 구조도가 제시되어 있다. 마스터 계획 모듈은 '주간목표' 생산량을 생산계획 모듈(factory planner)에 제공하고 향후 '수요'량을 'LP(lot pegging)'모듈에 제공한다. 또 생산계획 모듈은 하루에 한 번씩 교대(shift)별 투입/출하계획을 생성하여 생산스케줄링 모듈(fab scheduler)에 제공하고 자재배달 요청을 '구매'부서에 전달한다. 생산스케줄링 모듈은 매 10분마다 설비스케줄을 생성하여 작업분배 우선순위(dispatching priority) 정보와 함께 현장의 실시간작업분배 모듈(RTD real-time dispatcher)에 내려 보낸다.

한편 'LP' 모듈은 주문별 '수요'량을 입력 받아 제품별 생산 목표치를 생산계획 모듈과 생산스케줄링 모듈에 전달하고, 'RTF' 값을 영업에 제공해 준다. 롯트 페깅(lot pegging)은 현장의 제품 롯트(lot)들을 개별 고객주문(order)에 배당하는 것을 의미하며, RTF(return to forecast)

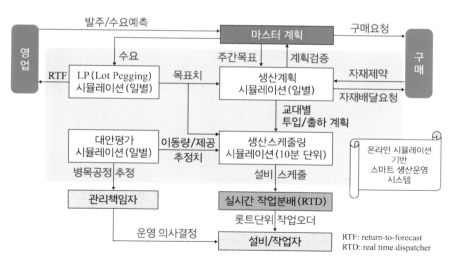

그림 3.6 온라인 시뮬레이션 기반 스마트 생산운영시스템 구조도

는 영업 또는 판매법인의 수요에 대한 생산법인의 공급가능 수량을 의미한다.

대안평가 모듈(what-if-simulator)은 여러 대안에 대한 시뮬레이션을 반복적으로 수행함으로써 각 '작업분배 우선순위' 대안에 대한 이동량 및 재공치 변화와 병목공정 추이를 파악하는 역할을 한다. 관리책임자는 대안평가 모듈을 통해 보다 합리적인 Fab 운영 의사결정을 내릴 수 있다.

그림 3.6에 제시된 '스마트 생산운영시스템'은 국내의 한 벤처기업이 개발하여 우리나라의 삼성반도체, SK하이닉스, LG디스플레이와 미국 최대의 반도체업체 Micron사 및 중국 최대의 LCD업체 BOE에도 보급하고 있다.

참 고 문 헌

B. K. Choi and B. H. Kim, "Simulation-based Smart Operation Management System for Semiconductor Manufacturing", *IFIP WG 5.7 International Conference*, APMS2015, Tokyo, Japan, pp. 82-89, 2015.

H. Kim and B. K. Choi, "Colored ACD and its Application", *Simulation Modelling Practice and Theory*, vol. 63, pp. 133-148, 2016.

김현식, Colored Activity Cycle Diagram형식론 개발 및 활용, 박사학위논문, KAIST, 2017.

Chapter 4

ACE++ 사용법

소인배는 만나면 남 이야기를 하고, 보통사람은 사건들을 이야기하고, 군자는 만나면
아이디어를 논한다
R.E. Kalman

4.1 ACE++ 소개

ACE++는 색상형ACD 형식론에 기반한 시뮬레이터이다(ACE는 *Activity
Cycle Executor*의 약자이다). 사용자가 GUI를 통해 입력한 색상형ACD
모델은 바로 ATT(activity transition table : 활동전이 테이블)로 변환되어
저장된다. 또 ATT는 시뮬레이션 실행을 위한 시뮬레이터 코드로 자동
변환 되고, 이를 기반으로 시뮬레이션이 수행된다. ACE++의 모델링 윈
도우는 크게 4개 구역으로 나누어진다. ACE++ 메인 메뉴(Main Menu),
색상지정 바(Color Set Bar), 다이어그램 창(Diagram View), 테이블 창
(Table View). 학생용 버전의 ACE++는 홈페이지(http://vms-technology.
com/book/)에 접속하여 'Download & Links' 메뉴에서 다운로드 받을 수

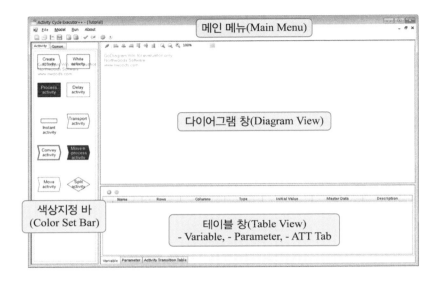

있으며, 간략한 사용자 매뉴얼이 준비되어 있다. 또 일반용 버전은 http://www.cubictek.co.kr/customer/download/에 접속하여 다운로드 받을 수 있다.

사용자 관점에서의 ACE++구조, 즉 ACE++사용흐름도가 아래 그림에 보여져 있다. 사용자는 크게 7 단계를 거쳐 모델링부터 시뮬레이션 진행 및 결과 보고서 확인까지 가능하다. 사용자가 ACE++의 모델링 창에서 색상형ACD를 입력하면(①), 시뮬레이터 내부에서 이를 자

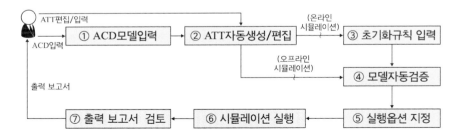

동으로 동일한 정보를 포함한 ATT(activity transition table)로 변환한다. 사용자는 자동 생성된 ATT를 확인하고, 필요할 경우 일부를 수정하여 모델링 작업을 완료한다(②).

대상 시스템의 ATT 정의가 완료되면, 시뮬레이션 목적에 따라 분기가 발생한다. 온라인 시뮬레이션을 수행하기 위한 경우에는 제2장에 소개된 초기화 규칙을 사용자가 입력한다(③). 오프라인 시뮬레이션이 목적인 경우에는 현재 완성된 모델에 대해 시뮬레이션 구동이 가능한지를 모델검증(model verification) 한다(④). 이 과정에서 ACE++는 입력된 모델이 색상형ACD 형식론에 따라 잘 정의된 모델인지를 확인하고, ATT 모델을 자동으로 C# 프로그래밍 코드로 변환하여 시뮬레이션 실행이 가능한지 확인한다. 모델 검증 과정에서 문제가 발견되면, 사용자에게 어떤 부분에서 문제가 있는지 오류 리스트를 출력한다.

모델자동검증이 완료되면, 시뮬레이션 실행을 위한 실행옵션 지정을 한다(⑤). 이 때 설정하는 항목들로는 시뮬레이션 종료 조건, 랜덤 변수값 생성을 위한 랜덤 시드값, 결과 보고서에 출력할 항목 등이 있다. 설정이 완료되면, 활동탐색 알고리즘(activity scanning algorism)에 따라 시뮬레이션이 실행(⑥)되고, 완료된 시뮬레이션의 결과 보고서를 사용자에게 출력한다(⑦).

4.2 ACE++ 모델링

4.2절에서는 2개의 예제(그림 2.3 일렬작업라인 및 그림 1.13 단순잡샵)를 통해 모델링 절차를 순서대로 따라가며 ACE++ 사용 방법 기초를 설명한다. ACE++ 모델링 절차는 아래와 같은 단계로 진행된다.

- 모델링 윈도우 생성
- 모델에서 사용될 변수와 파라미터 정의
- 색상형ACD 모델 입력
- ATT 자동변환 및 편집

(1) 컨베이어로 연결된 3단계 일렬작업라인 모델링

앞서 그림 2.3에 제시되었던 일렬작업라인의 색상형ACD 모델은 3개의 활동노드 색상(작업, 순간, 컨베이어 이송 활동노드), 4개의 대기노드 색상(개체, 설비, 순간, 용량 대기노드), 3개의 변 색상(개체흐름, 설비흐름, 용량흐름 변)으로 정의된다. 모델에 사용된 마스터데이터는 작업 시간 $t_p[]$, 컨베이어 이송 시간 $t_c[]$, 컨베이어 용량 $c[]$ 등으로 정의된다.

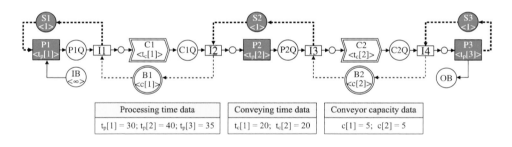

Processing time data	Conveying time data	Conveyor capacity data
$t_p[1] = 30$; $t_p[2] = 40$; $t_p[3] = 35$	$t_c[1] = 20$; $t_c[2] = 20$	$c[1] = 5$; $c[2] = 5$

1) 모델링 윈도우 생성

메인 메뉴 중 *File → New* 메뉴를 클릭하여 새 모델링 윈도우를 생성한다.

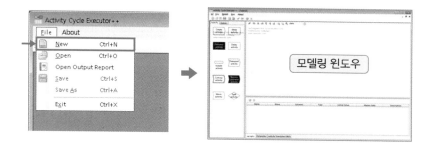

2) 모델링 윈도우 생성 및 배열 변수(t_p, t_c, c) 정의

① 테이블 창의 *Variable* 탭에서 *Add a Variable* 버튼(⊕)을 클릭하여 신규 변수를 생성한다.

② 작업시간을 나타내는 1차원 배열 변수 $t_p[]$의 이름(Name), 행수 (Rows), 타입(Type) 및 초기값(Initial Value)을 아래와 같이 정의 한다.

{ Name=tp; Rows=4; Type=double; Initial Value= {0,30,40,35} }

- 기타 항목들은 Columns=1처럼 ACE++에서 제공하는 기본값을 사용하므로 수정할 필요가 없는 항목들이다.
- 배열변수에서 배열의 인덱스는 0부터 시작한다는 것에 주의한다. 본 예제에서는, 쓰이지 않는 tp[0]는 0으로 정의하고, 실제 사용되는 변수들(tp[1], tp[2], tp[3])의 값만 정의한다.
- 변수의 초기값을 정의하고 나면, *Initial Value* 열의 버튼이 'Not Initialized'에서 '4 values'로 변경됨을 확인할 수 있다. 이는 크기가 4인 1차원 배열변수 tp[]의 4개 요소에 대한 초기값을 정의했다는 뜻이다.

③ 컨베이어 이송시간 및 용량을 나타내는 1차원 배열 신규변수 t_c[] 및 c[]에 대하여도 동일한 방식(①~②단계)을 따라 값을 정의한다.

{ Name=tc; Rows=3; Type=double; Initial Value={0, 20, 20} }
{ Name=c; Rows=3; Initial Value={0, 5, 5} }

3) 색상형ACD 모델 입력

컨베이어로 연결된 3단계 일렬작업라인의 색상형ACD 모델은 아래와 같은데 다음의 절차(①~⑫단계)를 따라 ACE++에 입력된다.

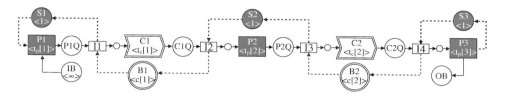

① 개체 대기노드 IB정의 : 색상지정 바의 *Queue* 탭에서 개체 대기노
드(Entity queue)를 다이어그램 창으로 드래그－앤－드랍(drag-and-
drop)하고 Define Entity Queue 창에 아래와 같이 대기노드 이름과
초기값을 입력한다.

$$\{ \text{Queue name} = \text{IB}; \ \text{Initial Values} = \text{int.MaxValue} \}$$

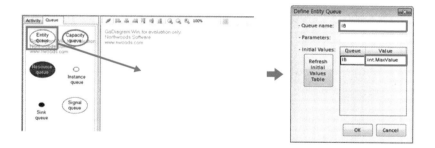

■ 대기노드의 *Initial Values*를 정의하기 위해서는 (1) 먼저 대기노드
이름을 입력하고, (2) *Refresh Initial Values Table* 버튼을 눌러 테
이블을 입력된 이름으로 업데이트한 후, (3) 초기값을 입력한다.
본 예제에서는 IB의 초기값이 무한대이므로 int.MaxValue를 입력
한다.

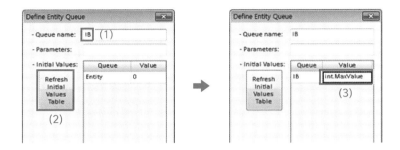

② 작업 활동노드 P1정의 : 색상지정 바의 *Activity* 탭에서 작업 활동
노드(Process activity)를 다이어그램 창으로 드래그 – 앤 – 드랍하여
Define Process Activity 창에 아래와 같이 정의한다.

{ Activity name＝P1; Time delay＝tp[1] }

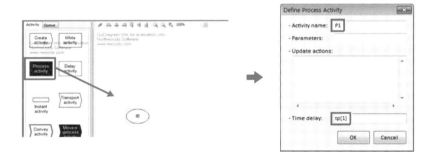

③ 대기노드 P1Q, S1정의 : Step①과 같은 방법으로 개체 대기노드
(Entity queue) P1Q와 설비 대기노드(Resource queue) S1을 아래와
같이 정의한다.

{ Queue name＝P1Q; Initial Values＝0 }
{ Queue name＝S1; Initial Values＝1 }

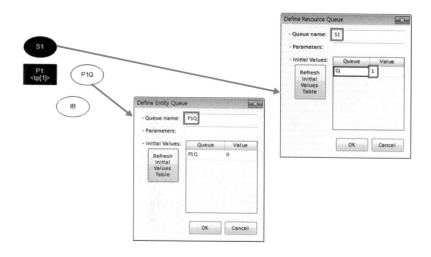

④ 순간 활동노드 I1정의 : ②와 같은 방법으로 순간 활동노드(Instant activity) I1을 아래와 같이 정의한다.

{ Activity name=I1 }

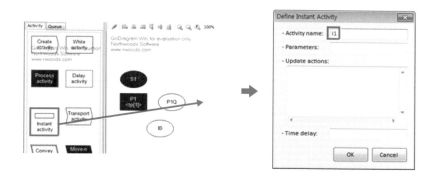

■ ACE++에서 변수, 파라미터, 활동노드, 대기노드의 이름은 반드시 알파벳으로 시작해야 하므로 순간 활동의 이름을 숫자로만 나

타내지 않고 숫자 앞에 알파벳 I를 붙여 I1로 정의하였다.

■ 순간 활동노드의 지연시간(time delay)은 항상 0이므로 아무 값도
입력하지 않으면 ACE++의 기본값인 0으로 정의된다.

⑤ 순간 대기노드 정의 : Step②와 같은 방법으로 순간 대기노드
(Instance queue)를 아래와 같이 기본값으로 정의한다.

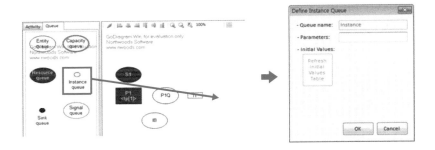

■ 순간 대기노드의 경우, *Parameters* 외에는 정의할 내용이 없다.
본 예제에서의 순간 대기노드는 파라미터 변수가 정의되어 있지
않으므로 수정 없이 *OK* 버튼을 눌러 기본값으로 정의한다.

⑥ 활동노드 C1 및 대기노드 B1 정의 : Step①~②와 같은 방법으로
컨베이어이송 활동노드(Convey activity) C1 및 용량 대기노드
(Capacity queue) B1를 아래와 같이 정의한다.

$$\{ \text{ Activity name} = C1; \text{ Time delay} = tc[1] \ \} \ ;$$
$$\{ \text{ Queue name} = B1; \text{ Initial Values} = c[1] \ \}$$

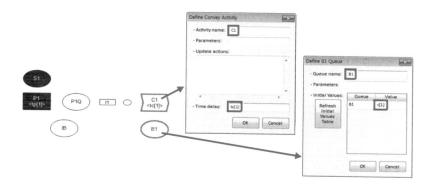

■ 용량 대기노드 B1을 정의하는 창의 초기 이름은 'Define Capacity
Queue'이었으나 필요정보 입력을 마치면 위 그림에서 볼 수 있듯
이 이름이 'Define B1 Queue'로 바뀐다.

⑦ 나머지 모든 노드 정의 : Step ①~⑥ 절차를 따라 일렬작업라인의
색상형ACD 모델에 정의된 나머지 노드들을 모두 다이어그램 창
에 정의한다.

⑧ 다이어그램 창의 Connect 버튼(🖉)을 클릭하여 변(edge)을 정의할
수 있는 연결모드(connect mode)를 활성화시킨다.

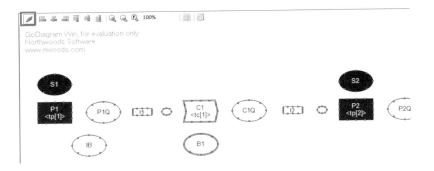

- 연결모드(connect mode)가 활성화되면, 위의 그림에서 볼 수 있듯이, 각 활동노드 및 대기노드 모서리에 변을 정의할 수 있는 포트(port)가 나타난다. 연결 모드에서는 신규 노드의 추가가 불가능하다. 다시 *Connect* 버튼을 눌러 비활성화시켜 그리기 모드(draw mode)로 전환하면, 활동노드 및 대기노드의 추가가 가능하다.

⑨ 개체흐름 변 'IB → P1' 정의 : 변이 시작되는 대기노드 IB의 포트부터 끝나는 활동노드 P1의 포트까지 드래그 – 앤 – 드랍하여 개체흐름(entity flow) 변을 연결하고, 아래와 같이 변 속성을 기본값으로 정의한다.

{ Edge Type= Entity Flow; Condition= true; Multiplicity= 1; Priority= 0 } ;

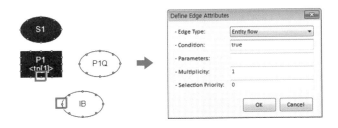

⑩ 나머지 개체흐름 변들을 모두 정의 : Step ⑨ 절차를 따라 색상형 ACD 모델에 정의된 나머지 개체흐름 변들을 모두 다이어그램 창에 정의한다.

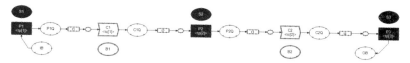

⑪ 설비흐름 변들을 모두 정의 : 색상형ACD 모델의 설비흐름(Resource flow) 변을 모두 정의한다.

{Edge Type=Resource flow; Condition=true; ... }

⑫ 용량흐름 변들을 모두 정의 : 색상형ACD 모델의 용량흐름(Capacity flow) 변을 모두 정의한다.

{Edge Type=Capacity/Signal flow; Condition=true; ... }

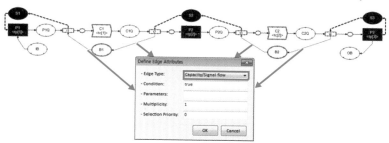

4) ATT 자동생성 및 수정

① **ATT자동생성** : 다이어그램 창 상단의 *Build Activity Transition Table* 버튼(▦)을 클릭하면 자동으로 테이블(Table) 창의 *Activity Transition Table* 탭에 **ATT**가 생성된다.

■ 본 예제에서는 나오지 않지만, 필요할 경우 사용자가 ATT 상에서 흰 바탕색 셀의 내용을 직접 수정할 수 있다.

② **활성화된 활동 정의** : (1) *Activity Transition Table* 탭에서 P1 활동을 클릭한 후, (2) *Table* 창의 *Set Enabled Activity* 버튼(▦)을 클릭하여 시뮬레이션 시작과 동시에 실행될 활성화된 활동(enabled activity)을 정의한다.

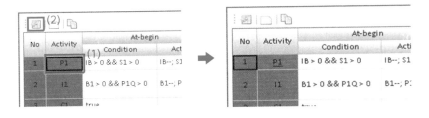

■ 정의가 제대로 완료되면, 해당 활동의 이름에 밑줄이 나타나는 것을 확인할 수 있다.

위의 절차를 따라 만들어진 컨베이어기반 일렬작업라인의 ACE++ 모델은 4.3절의 (1)의 절차를 따라 시뮬레이션 실행 및 결과 분석이 가능하다.

(2) 단순잡샵 시스템 모델링

앞서 그림 1.13에 제시되었던 단순잡샵 시스템의 색상형ACD 모델은 3개의 활동노드 색상(생성, 이동, 작업 활동노드), 3개의 대기노드 색상(개체, 설비, 순간 대기노드), 2개의 변 색상(개체흐름, 설비흐름 변)으로 정의된다. 모델에 사용된 마스터데이터는 작업물 도착 시간 간격을 나타내는 t_a, 이동 시간을 나타내는 t_m, 작업 시간을 나타내는 t_p, 작업물의 공정 흐름을 나타내는 route, 방출 스테이션을 나타내는 Done으로 정의된다.

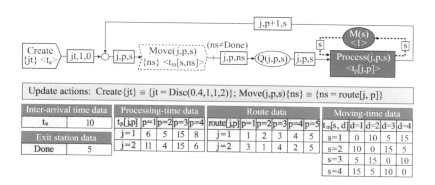

1) 모델링 윈도우 생성

메인 메뉴 중 *File → New* 메뉴를 클릭하여 새 모델링 윈도우를 생성한다(4.2절의 (1)의 1) 참조).

2) 모델에서 사용될 변수, 파라미터 정의

단순잡샵 시스템을 표현하는 마스터데이터들은 ACE++에서 변수로 정의된다. 본 예제에서는 각 변수의 값을 아래 표와 같이 정의하였다.

① 테이블 창의 *Variable* 탭에서 Add a Variable 버튼(◉)을 클릭하여 신규 변수를 생성한다.

② 생성된 신규 변수의 정보를 아래와 같이 정의한다.

{ Name=ta; Type=double; Initial Value=10 }

③ ①~②와 마찬가지로 신규 변수를 3개 생성하여 아래와 같이 정의한다.

{ Name=jt; Initial Value=0; Master Data=false }

{ Name=ns; Initial Value=0; Master Data=false }

{ Name=Done; Initial Value=5 }

④ ①~②와 마찬가지로 신규 변수를 생성하여 아래와 같이 2차원 배열 변수로 정의한다.

{ Name=tm; Rows=5; Columns=6; Type=double; Initial Value = { {0,0,0,0,0,0}, {0,0,10,5,15,0}, {0,10,0,15,5,0}, {0,5,15,0,10,0}, {0,15,5,10,0,0} } }

⑤ ④와 마찬가지로 신규 변수를 2개 생성하여 아래와 같이 정의한다.

{ Name=tp; Rows=3; Columns=5; Type=double; Initial Value = { {0,0,0,0,0}, {0,6,5,15,8}, {0,11,4,15,6} } }

{ Name=route; Rows=3; Columns=6; Initial Value = { {0,0,0,0,0,0}, {0,1,2,3,4,5}, {0,3,1,4,2,5} } }

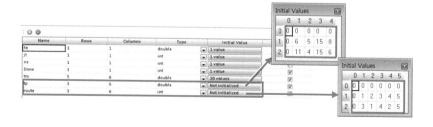

⑥ 테이블 창의 *Parameter* 탭에서 *Add a Parameter* 버튼(◉)을 클릭하여 신규 파라미터를 생성한다.

⑦ 생성된 신규 파라미터 정보를 아래와 같이 정의한다.

{ Name=j; Max Value=2 }

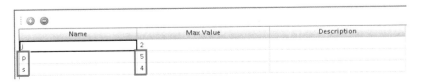

- *Max Value*는 해당 파라미터가 가질 수 있는 최대값을 뜻한다. 본 예제에서는 2개의 작업물 타입이 존재하므로 파라미터 j는 1 혹은 2의 값을 갖는다. 따라서 파라미터 j의 *Max Value*는 2로 정의된다.

⑧ ⑥~⑦과 마찬가지로 신규 파라미터 2개를 만들어 아래와 같이 정의한다.

{ Name=p; Max Value=5 }
{ Name=s; Max Value=4 }

Name	Max Value	Description
j	2	
p	5	
s	4	

3) ACD 모델링

단순잡샵 시스템의 색상형ACD 모델은 아래의 절차를 따라 ACE++
로 모델링할 수 있다.

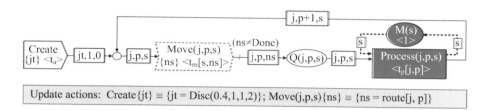

① 색상지정 바에서 생성(Create) 활동노드를 다이어그램 창으로 드래
그-앤-드랍(drag-and-drop)하여 아래와 같이 정의한다.

{ Activity name=Create; Update action={ jt = Disc(0.4,1,1,2); };
Time delay=ta }

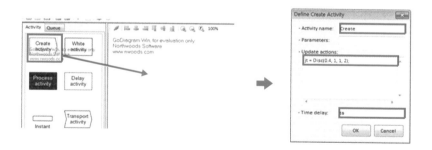

- Disc()는 파라미터로 입력된 확률값에 따라 결과값을 반환하는 메
  소드로 Disc(0.4, 1, 1, 2)는 40%의 확률로 1을, 나머지 60%의 확
  률로 2를 반환한다.

② ①과 같은 방법으로 순간 대기노드를 아래와 같이 정의한다.

{ Parameters= { j,p,s } }

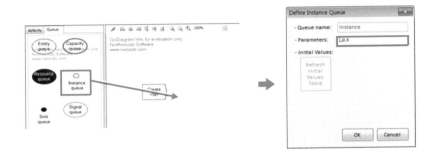

③ ①과 같은 방법으로 Move 이동 활동노드와 Process 작업 활동노드를 아래와 같이 각각 정의한다.

{ Activity name=Move; Parameters= { j,p,s }; Update action
    = { ns=route[j,p]; }; Time delay=tm[s,ns] }
{ Activity name=Process; Parameters= { j,p,s }; Time delay
    =tp[j,p] }

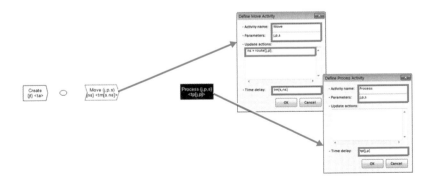

④ ②와 같은 방법으로 개체 대기노드 Q와 설비 대기노드 M을 아래와 같이 각각 정의한다.

{ Queue name=Sink; Parameters={ j } }
{ Queue name=Q; Parameters={ j,p,s }; Initial Values={ all 0 } }
{ Queue name=M; Parameters={ s }; Initial Values={ 0,1,1,1,1 } }

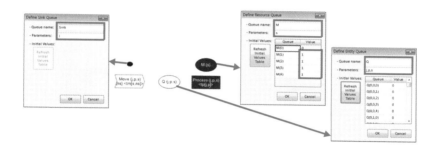

⑤ 활동노드와 대기노드의 정의가 끝나면, *Connect* 버튼을 눌러 변을 정의할 수 있는 연결모드(connect mode)로 전환한다.

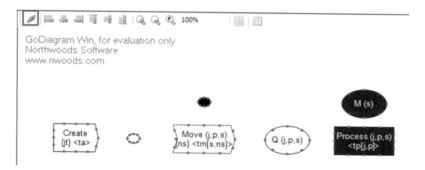

⑥ 시작 포트에서 끝 포트까지 드래그-앤-드랍하여 변(edge)을 연결하고 아래와 같이 순서대로 개체흐름 변들을 정의한다.

(Create → 순간대기노드): { Parameters={ jt,1,0 } }

(순간대기노드 → Move): { Parameters={ j,p,s } }

(Move → 방출대기노드): { Condition=(ns==Done); Parameters={ j } }

(Move → Q): { Condition=(ns != Done); Parameters={ j,p,ns } }

(Q → Process): { Parameters={ j,p,s } }

(Process → 순간대기노드): { Parameters={ j,p+1,s } }

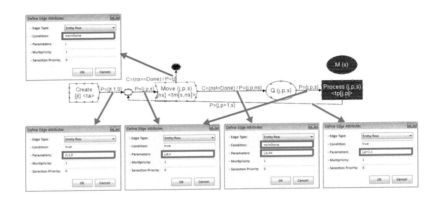

- 변 속성(edge attribute)으로 정의되는 *Condition*, *Parameters*, *Multiplicity*, *Selection Priority*는 각각 해당되는 변 옆에 텍스트로 표기된다. 위의 그림에서 확인할 수 있듯이 *Condition*은 C = (condition) 형태로, *Parameters*는 P = {parameters} 형태로 표기된다. 본 예제에는 없지만 *Multiplicity*는 M = [multiplicity] 형태로, *Selection priority*는 S = <priority> 형태로 표기된다.

⑦ 나머지 설비흐름 변들을 아래와 같이 순서대로 정의한다.

(M → Process): { Parameters={ -,-,s } }

(Process → M): { Parameters={ s } }

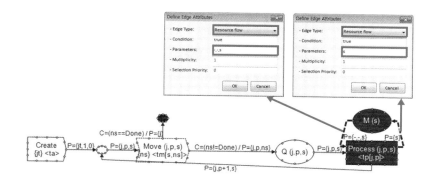

4) ATT 변환 및 수정

① 다이어그램 창 상단의 *Build Activity Transition Table* 버튼(▦)을 클릭하면 자동으로 화면 하단 창의 *Activity Transition Table* 탭에 ATT가 생성된다.

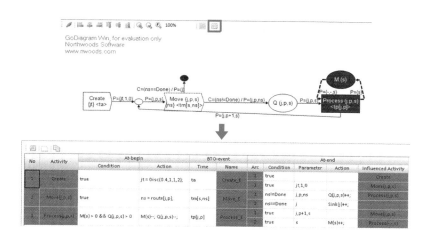

② Create 활동을 클릭한 후, *Set Enabled Activity* 버튼(🔲)을 클릭하여 시뮬레이션 시작과 동시에 활성화된 활동(enabled activity)을 정의한다.

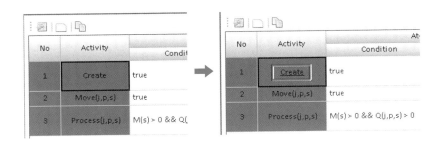

위의 절차를 따라 만들어진 단순잡샵 시스템의 ACE++ 모델은 4.3절 (2)에서 소개하는 절차를 따라 시뮬레이션 실행 및 결과 분석이 가능하다.

사용자는 4.2절 (1), 4.2절 (2)절에서 소개한 절차를 따라 ACD를 모델링하고, 이를 자동으로 변환한 ATT를 얻을 수 있다. ATT에서 회색 배경 처리된 셀은 사용자가 수정할 수 없지만, 흰색 배경 셀은 사용자가 필요할 경우 수정이 가능하다. 단, 사용자가 ATT를 수정한 이후에 다시 ACD를 수정하여 새로 ATT를 생성했을 경우에는 기존 ATT에서 수정되었던 내용은 사라지게 된다.

4.3 ACE++ 시뮬레이션

ACE++ 모델링이 완료되면, 완성된 모델은 ACE++ 내부에서 자동으로 C# 기반의 시뮬레이터 코드로 변환되어 시뮬레이션이 진행된다. 시뮬레이션 실행 및 결과 보고서 확인은 아래와 같은 절차로 진행된다.

- ACE++ 모델 검증
- 실행 옵션 설정 및 시뮬레이션 실행
- 결과 보고서 확인

4.3절에서는 앞 절에서 설명한 일렬작업라인 및 단순잡샵 예제를 활용하여 ACE++ 시뮬레이션 절차를 설명하고, 또 일렬작업라인 예제를 통해 온라인 시뮬레이션을 위한 모델초기화 절차를 소개한다.

(1) 컨베이어로 연결된 3단계 일렬작업라인 시뮬레이션

1) ACE++ 모델 확인

① 메인 메뉴 중 *Model → Verify Model* 메뉴를 클릭하여 완성된 ACE++ 모델이 ACD 형식론을 따라 잘 정의된 모델인지, 자동으로 변환된 시뮬레이터 코드가 실행 가능한 코드인지 확인한다.

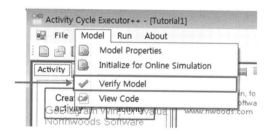

② 모델 확인이 정상적으로 완료되면 "*The ACE model is verified*"라는 메시지가 출력된다.

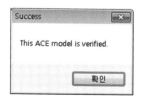

앞의 4.2절에서의 모델링 절차를 제대로 따라 했을 경우, ACE++ 모델 확인이 문제 없이 완료된다. ACE++ 모델에 문제가 발견되면 출력되는 에러 메시지를 확인하여 해당되는 부분을 수정하면 된다.

2) 실행 옵션 설정 및 시뮬레이션 실행

① 메인 메뉴 중 *Run → Run Options* 메뉴를 클릭하여 시뮬레이션 실행과 관련된 옵션을 정의하는 창을 연다.

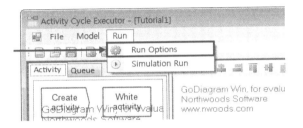

② 시뮬레이션 종료 시각 및 조건, 랜덤 변수 생성 시드값, 결과 보고서에 포함될 항목을 아래와 같이 정의한 후, *Save & Run* 버튼을 눌러 시뮬레이션을 실행한다.

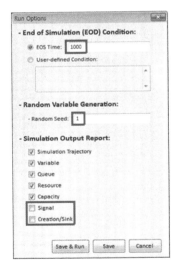

- 본 예제에서는 랜덤 변수가 존재하지 않기 때문에 랜덤 시드(seed) 값의 의미가 없지만, ACE++에서는 반드시 랜덤 시드값을 입력해야 시뮬레이션 실행이 가능하다. 입력된 랜덤 시드값은 random 타입으로 정의된 변수의 값을 생성해주는 데에 사용된다.
- 본 예제의 모델에는 신호 대기노드와 생성 활동노드 및 방출 대기노드가 사용되지 않았으므로 이에 해당하는 Signal, Creation/Sink 항목을 결과 보고서에서 제외하였다.

③ 시뮬레이션이 완료되면, 아래와 같이 결과 보고서 확인 여부를 묻는 창이 생성된다. 예(Y) 버튼을 클릭하면 결과 보고서를 확인할 수 있다.

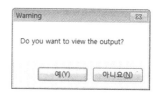

3) 결과 보고서 확인

① 결과 보고서 중 *Simulation Trajectory* 탭에서는 아래와 같이 시뮬레이션 진행 이력을 확인할 수 있다.

- Phase : 활동 탐색 알고리즘 상의 단계
- Clock : 시뮬레이션 시각
- Current Activity : 현재 발생한 활동
- Current Event : 현재 발생한 발생 예정 사건(BTO-event)

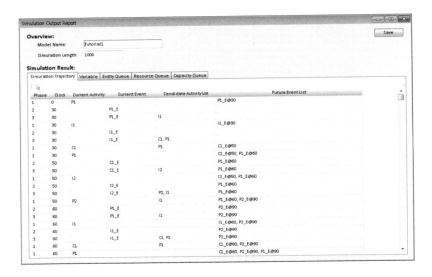

Phase	Clock	Current Activity	Current Event	Candidate Activity List	Future Event List
1	0	P1			P1_E@30
2	30		P1_E		
3	30		P1_E	I1	
1	30	I1			I1_E@90
2	30		I1_E		
3	30		I1_E	C1, P1	
1	30	C1		P1	C1_E@50
1	30	P1			C1_E@50, P1_E@60
2	50		C1_E		P1_E@60
3	50		C1_E	I2	P1_E@60
1	50	I2			I2_E@50, P1_E@60
2	50		I2_E		P1_E@60
3	50		I2_E	P2, I1	P1_E@60
1	50	P2		I1	P1_E@60, P2_E@90
2	60		P1_E		P2_E@90
3	60		P1_E	I1	P2_E@90
1	60	I1			I1_E@60, P2_E@90
2	60		I1_E		P2_E@90
3	60		I1_E	C1, P1	P2_E@90
1	60	C1		P1	C1_E@80, P2_E@90
1	60	P1			C1_E@80, P2_E@90, P1_E@90

- Candidate Activity List : 현재 후보활동 리스트에 저장된 활동들
- Future Event List : 현재 미래이벤트 리스트에 저장된 발생 예정 사건들

② 결과 보고서 중 *Variable* 탭에서는 아래와 같이 시뮬레이션 중 변수 값의 변화 내역을 확인할 수 있다.

- 본 예제에서는 모든 변수가 마스터데이터 (master data)로 정의되어 있으므로 우측 Master Data 항목에만 결과 테이블이 존재한다. 마스터데이터는 시뮬레이션 진행 중 값이 변경되지 않는 변수이므로 각 변수의 이름과 값을 테이블로 사용자에게 제공한다.

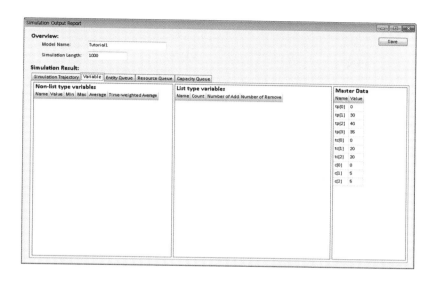

③ 결과 보고서 중 *Entity Queue* 탭에서는 아래와 같이 개체 대기노드
에 대한 결과 통계량을 확인할 수 있다.

- Name : 해당 개체 대기노드 이름
- Maximum Queue Length : 최대 대기열 길이

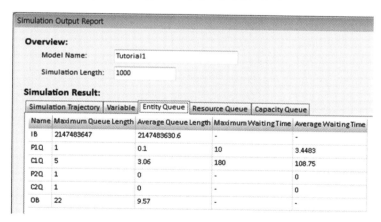

Name	Maximum Queue Length	Average Queue Length	Maximum Waiting Time	Average Waiting Time
IB	2147483647	2147483630.6	-	-
P1Q	1	0.1	10	3.4483
C1Q	5	3.06	180	108.75
P2Q	1	0	-	0
C2Q	1	0	-	0
OB	22	9.57	-	-

- Average Queue Length : 평균 대기열 길이
- Maximum Waiting Time : 최대 대기 시간
- Average Waiting Time : 평균 대기 시간

④ 테이블상에서 특정 개체 대기노드에 해당하는 줄(row)을 더블 클릭(double click)하면, 해당되는 개체 대기노드의 상세한 내역을 확인할 수 있다. 아래는 대기노드 C1Q를 더블 클릭하여 나온 상세 내역화면으로 C1Q 크기와 대기 시간의 상세 내역을 확인할 수 있다.

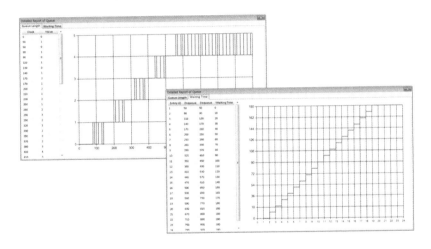

⑤ 결과 보고서 중 *Resource Queue* 탭에서는 아래와 같이 설비 대기노드에 대한 결과 통계량을 확인할 수 있다. ④에서의 *Entity Queue* 탭과 마찬가지로 특정 설비 대기노드를 더블 클릭하면, 해당되는 설비 대기노드의 상세 사용 내역을 확인할 수 있다.

- Name : 해당 설비 대기노드 이름
- Maximum Number of Busy Resources : 최대 설비 사용 대수

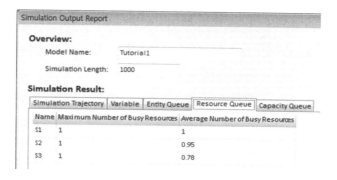

■ Average Number of Busy Resources : 평균 설비 사용 대수

⑥ 결과 보고서 중 *Capacity Queue* 탭에서는 아래와 같이 용량 대기 노드에 대한 결과 통계량을 확인할 수 있다. ④에서의 *Entity Queue* 탭과 마찬가지로 특정 용량 대기노드를 더블 클릭하면, 해당되는 용량 대기노드의 상세 사용 내역을 확인할 수 있다.

■ Name : 해당 용량 대기노드 이름
■ Maximum Size of Used Capacity : 최대 용량 사용 개수
■ Average Size of Used Capacity : 평균 용량 사용 개수

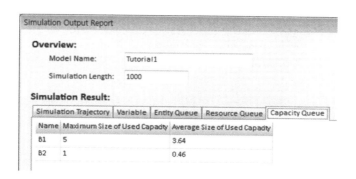

(2) 단순잡샵 시스템 시뮬레이션

1) ACE++ 모델 확인 → 4.3절의 1)과 동일한 방법으로 진행

2) 실행 옵션 설정 및 시뮬레이션 실행

① 4.3절 (1)에서 2)의 ①과 같은 방법으로 시뮬레이션 실행옵션 정의 창을 열고, 아래와 같이 정의한 후, *Save & Run* 버튼을 눌러 시뮬레이션을 실행한다.

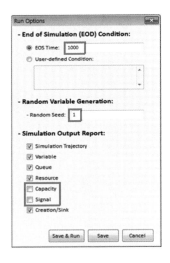

　　본 예제에는 용량 대기노드, 신호 대기노드가 사용되지 않았으므로 이에 해당하는 Capacity, Signal 항목을 결과 보고서에서 제외하였다.

② 시뮬레이션이 완료되면, 아래와 같이 결과 보고서 확인 여부를 묻는 창이 생성된다. 예(Y) 버튼을 클릭하면 결과 보고서를 확인할 수 있다.

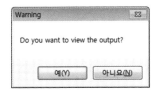

3) 결과 보고서 확인

① 결과 보고서 중 *Simulation Trajectory* 탭에서는 4.3절 (1)의 3)과 동일한 형태의 시뮬레이션 진행 이력을 확인할 수 있다.

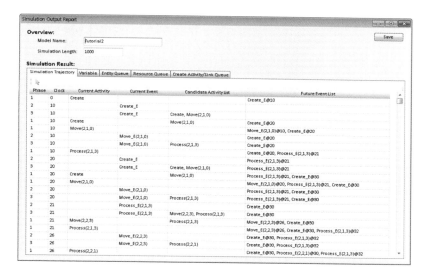

② 결과 보고서 중 *Variable* 탭에서는 아래와 같이 시뮬레이션 중 변수 값의 변화 내역을 확인할 수 있다.

본 예제에서는 jt, ns, 2개의 변수는 마스터데이터로 정의되어 있지 않으므로 이를 제외한 다른 변수들은 우측 Master Data 항목에 나타난다. 마스터데이터가 아닌 jt, ns는 List 형의 변수가 아니므로 좌측 Non-list type variables 항목에 아래와 같은 정보를 포함하여 제공된다.

- Name : 변수 이름
- Value : 변수의 최종값

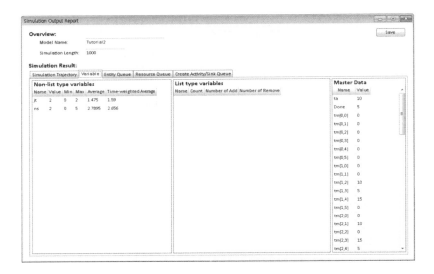

- Min : 변수의 최소값
- Max : 변수의 최대값
- Average : 변수의 산술평균
- Time-weighted Average : 변수의 시간가중평균

③ 테이블 상에서 특정 개체 대기노드에 해당
하는 줄(row)을 더블 클릭(double click)하
면, 해당되는 변수의 상세한 내역을 확인할
수 있다. 아래는 변수 jt를 더블 클릭하여
나온 상세 내역 화면으로 jt 값의 상세 변화
내역을 확인할 수 있다.

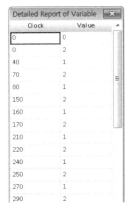

④ 결과 보고서 중 *Entity Queue* 탭에서는 4.3절 (1)의 3)과 동일하게
개체 대기노드에 대한 결과 통계량을 확인할 수 있다. 단, 단순잡샵
시스템 예제는 각 대기노드에 파라미터 변수가 존재하므로, 대기노
드별 파라미터 변수의 값에 따라 독립적인 통계량을 제공한다.

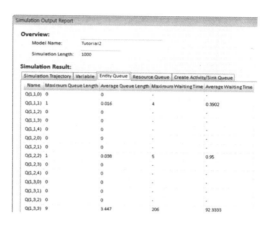

⑤ 결과 보고서 중 *Resource Queue* 탭에서는 4.3절 (1)의 3)과 동일하
게 설비 대기노드에 대한 결과 통계량을 확인할 수 있다. ③과 마
찬가지로 각 대기노드에 파라미터 변수가 존재하므로, 대기노드
별 파라미터 변수의 값에 따라 독립적인 통계량을 제공한다.

Simulation Output Report

Overview:

Model Name: Tutorial2

Simulation Length: 1000

Simulation Result:

| Simulation Trajectory | Variable | Entity Queue | **Resource Queue** | Create Activity/Sink Queue |

Name	Maximum Number of Busy Resources	Average Number of Busy Resources
M(0)	0	0
M(1)	1	0.434
M(2)	1	0.457
M(3)	1	0.964
M(4)	1	0.884

⑥ 결과 보고서 중 *Create Activity/Sink Queue* 탭에서는 아래와 같이 생성 활동노드와 방출 대기노드에 대한 결과 통계량을 확인할 수 있다.

- Create Activity : 해당 생성 활동노드 이름
- Number of Entities Created : 해당 생성 활동노드에서 생성된 개체 개수
- Average Inter-arrival Time : 해당 생성 활동노드의 생성 시간 간격
- Sink Queue : 해당 방출 대기노드 이름
- Number of Entities Departed : 해당 방출 대기노드에서 방출된 개체 개수
- Average Inter-departure Time : 해당 방출 대기노드의 방출 시간 간격

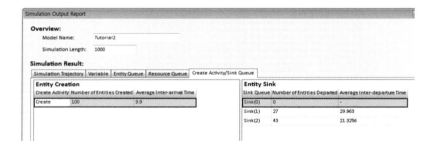

⑦ 테이블상에서 특정 생성 활동노드 혹은 방출 대기노드에 해당하는 줄을 더블 클릭하면, 해당되는 상세 내역을 확인할 수 있다. 아래는 Create 활동노드와 Sink(1) 대기노드를 더블 클릭하여 나온 상세 내역 화면이다.

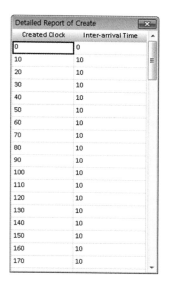

Detailed Report of Create

Created Clock	Inter-arrival Time
0	0
10	10
20	10
30	10
40	10
50	10
60	10
70	10
80	10
90	10
100	10
110	10
120	10
130	10
140	10
150	10
160	10
170	10

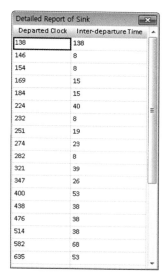

Detailed Report of Sink

Departed Clock	Inter-departure Time
138	138
146	8
154	8
169	15
184	15
224	40
232	8
251	19
274	23
282	8
321	39
347	26
400	53
438	38
476	38
514	38
582	68
635	53

(3) 온라인 시뮬레이션을 위한 모델초기화

ACE++는 색상형ACD 형식론 기반의 시뮬레이터로, 온라인 시뮬레이션을 위한 모델초기화를 지원한다. 3.2절에서 소개한 대기노드 및 활동노드 초기화 규칙을 정의하고, Microsoft Excel로 작성된 현재상태 정보를 ACE++에서 불러오면, 현재상태 정보를 바탕으로 ACE++ 모델초기화가 가능하다.

메인 메뉴 중 *Model → Initialize for Online Simulation* 메뉴를 클릭해 초기화 규칙을 정의하고, 현재상태정보를 불러올 수 있는 모델초기화 창을 연다.

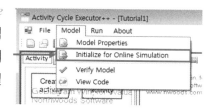

모델초기화 창에서는 아래 그림과 같이 현재 ACE++ 모델에서 정의된 활동노드와 대기노드들이 화면 좌측 상단에 테이블로 제공된다. 정의된 초기화 규칙이나 불러온 현재상태정보가 없으므로 해당되는 항목은 비워져 있다.

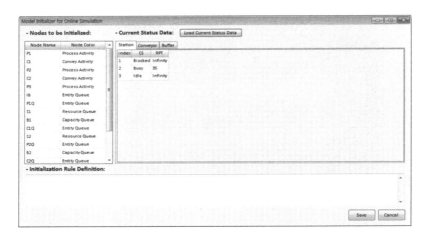

먼저 3.2.1절에서 소개한 일렬작업라인의 현재상태 정보는 아래와 같이 Station, Conveyor, Buffer의 3개 시트(sheet)로 구성된 Excel 파일로 정의한다.

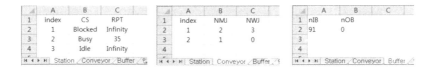

ACE++의 모델초기화 창에서 *Load Current Status Data* 버튼을 클릭하여 정의된 현재상태정보 Excel 파일을 불러오면 아래와 같이 화면 우측 상단에 불러온 현재상태정보가 표현되는 것을 확인할 수 있다.

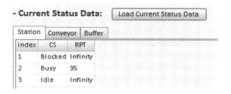

- Current Status Data: Load Current Status Data

Station	Conveyor	Buffer	
Index	CS	RPT	
1	Blocked	Infinity	
2	Busy	35	
3	Idle	Infinity	

대기노드 및 활동노드의 초기화 규칙은 화면 하단 텍스트박스에 C# 언어의 문법을 사용하여 입력한다. 좌측 상단에서 초기화 규칙을 작성할 대기노드를 더블 클릭하면 텍스트박스에 해당 대기노드가 출력되고, 사용할 현재상태 정보의 셀을 더블 클릭하면 마찬가지로 텍스트박스에 해당 셀이 출력된다. 자동 출력 기능을 사용하여 3.2.2절에서 정의한 대기노드의 초기화 규칙을 아래와 같이 입력할 수 있다.

- Initialization Rule Definition:

```
IB=CurrentStatusData["Buffer"]["nIB"][1];
S1=(CurrentStatusData["Station"]["CS"][1]=="Idle");
S2=(CurrentStatusData["Station"]["CS"][2]=="Idle");
S3=(CurrentStatusData["Station"]["CS"][3]=="Idle");
P1Q=(CurrentStatusData["Station"]["CS"][1]=="Blocked");
P2Q=(CurrentStatusData["Station"]["CS"][2]=="Blocked");
C1Q=CurrentStatusData["Conveyor"]["NWJ"][1];
C2Q=CurrentStatusData["Conveyor"]["NWJ"][2];
B1=c[1]-(CurrentStatusData["Conveyor"]["NMJ"][1]+CurrentStatusData["Conveyor"]["NWJ"][1]);
B2=c[2]-(CurrentStatusData["Conveyor"]["NMJ"][2]+CurrentStatusData["Conveyor"]["NWJ"][2]);
OB=CurrentStatusData["Buffer"]["nOB"][1];
```

다음으로 3.2.3절에서 정의한 활동노드의 초기화 규칙은 위의 대기노드와 마찬가지로 자동 출력 기능을 사용하여 아래와 같이 입력할 수 있다.

초기화 규칙의 정의가 완료되면 *Save* 버튼을 눌러 초기화 규칙 및 현재상태 정보를 저장한다. 저장 후, 4.3절 (1)의 2)에서 소개한 방법을 따라 시뮬레이션 실행 옵션을 설정하고 시뮬레이션을 실행하면,

- Initialization Rule Definition:

```
if(CurrentStatusData["Station"]["CS"][1]=="Busy") {
        Schedule-Event(P1-end, CurrentStatusData["Station"]["RPT"][1]); }
if(CurrentStatusData["Station"]["CS"][2]=="Busy") {
        Schedule-Event(P2-end, CurrentStatusData["Station"]["RPT"][2]); }
if(CurrentStatusData["Station"]["CS"][3]=="Busy") {
        Schedule-Event(P3-end, CurrentStatusData["Station"]["RPT"][3]); }
if(CurrentStatusData["Conveyor"]["NMJ"][1]>0) {
        double d=tc[1]/(CurrentStatusData["Conveyor"]["NMJ"][1]+1);
        for(int j=1; j<=CurrentStatusData["Conveyor"]["NMJ"][1]; j++) {
                Schedule-Event(C1-end, j*d); } }
if(CurrentStatusData["Conveyor"]["NMJ"][2]>0) {
        double d=tc[2]/(CurrentStatusData["Conveyor"]["NMJ"][2]+1);
        for(int j=1; j<=CurrentStatusData["Conveyor"]["NMJ"][2]; j++) {
                Schedule-Event(C2-end, j*d); } }
```

아래와 같이 모델초기화가 완료된 온라인 시뮬레이션 결과를 확인할
수 있다. *Simulation Trajectory*에서 확인할 수 있듯이, Clock 10에
C1_E, 15에 C2_E, 20에 C1_E와 P2_E가 발생하였으므로 모델초기화
가 제대로 완료되었음을 알 수 있다.

Simulation Output Report

Overview: Save

　　　Model Name:　　Tutorial1

　　Simulation Length:　1000

Simulation Result:

Simulation Trajectory | Variable | Entity Queue | Resource Queue | Capacity Queue

Phase	Clock	Current Activity	Current Event	Candidate Activity List	Future Event List
2	10		C1_E		C2_E@15, C1_E@20, P2_E@35
3	10		C1_E	I2	C2_E@15, C1_E@20, P2_E@35
2	15		C2_E		C1_E@20, P2_E@35
3	15		C2_E	I4	C1_E@20, P2_E@35
1	15	I4			I4_E@15, C1_E@20, P2_E@35
2	15		I4_E		C1_E@20, P2_E@35
3	15		I4_E	P9, I3	C1_E@20, P2_E@35
1	15	P9		I3	C1_E@20, P2_E@35, P9_E@50
2	20		C1_E		P2_E@35, P9_E@50
3	20		C1_E	I2	P2_E@35, P9_E@50
2	35		P2_E		P9_E@50
3	35		P2_E	I3	P9_E@50
1	35	I3			I3_E@35, P9_E@50
2	35		I3_E		P9_E@50
3	35		I3_E	C2, I2	P9_E@50
1	35	C2		I2	P9_E@35, C2_E@65
1	35	I2			I2_E@35, P9_E@50, C2_E@65
2	35		I2_E		P9_E@50, C2_E@65
3	35		I2_E	P2, I1	P9_E@50, C2_E@65
1	35	P2		I1	P9_E@50, C2_E@65, P2_E@75
1	35	I1			I1_E@35, P9_E@50, C2_E@65, P2_E@75

Chapter 5

ACE++ 활용 사례

완벽이란 더 이상 추가할 사항이 없을 때 얻어지는 것이 아니고, 더 이상 제거할 것
이 남아있지 않을 때 달성된다
Antoine de Saint-Exupery

제5장에서는 ACE++를 사용하여 복잡한 시스템을 모델링하고 시뮬레이션한 사례를 소개하고자 한다. 산업별로 비교적 복잡도가 높은 것으로 알려진 기계산업의 "유연생산시스템(FMS)", 전자제조산업의 "전자부품Fab시스템", 서비스 산업의 "종합병원 외래진료 시스템" 등이다.

5.1 유연생산시스템(FMS)의 시뮬레이션

그림 5.1은 ACE++ GUI를 사용하여 2.3절의 그림 2.17의 유연생산시스템 색상형ACD 모델과 동일한 모델을 작성한 화면이다. 그림 2.17

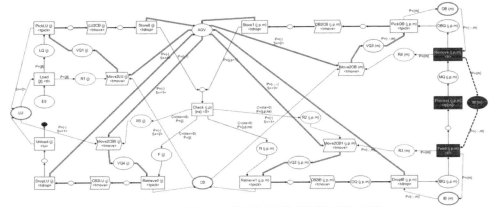

그림 5.1 ACE++로 작성한 FMS 색상형ACD 모델

에서는 스태커크레인과 중앙버퍼를 나타내는 개체 대기노드 AGV와 용량 대기노드 CB가 각각 모델의 양 쪽에 정의되어 있었다. 이는 변 (edge)이 최대한 겹치지 않도록 하여 모델의 가독성(readability)을 높이기 위해 동일한 이름을 갖는 대기노드를 여러 번 나오도록 정의한 것인데, ACE++에서는 이들을 하나의 대기노드로 정의하기 때문에, 그림 5.1에서는 이들 두 대기노드(AGV, CB)의 위치가 달라졌다. 이 차이를 제외하면 그림 5.1의 모델과 그림 2.17의 모델은 완전히 동일하다.

시뮬레이션 실험에 사용된 공정순서 정보는 표 5.1에 제시된 바와 같다. 작업물의 종류는 3종류이고 작업물 수량 비율은 50%, 20%, 20%이다.

표 5.1에서 1번 타입의 작업물을 예로 들어 공정순서를 설명하자면, 시스템에 투입되면 로딩(Load) 작업을 수행한다. 이후, 기계가공(Machining), 세척(Wash), 측정(Measuring) 작업을 순서대로 수행한 후, 언로드(Unload)되어 모든 공정이 완료된다. 한편 각각의 공정을 담당

표 5.1 FMS 시뮬레이션 실험 예제의 공정순서 정보

작업물 타입(j)	비율(%)	공정순서	
		공정단계(p)	공정이름
1	50	0	Load
		1	Machining
		2	Wash
		3	Measuring
		4	Unload
2	20	0	Load
		1	Machining
		2	Measuring
		3	Unload
3	30	0	Load
		1	Machining-1
		2	Wash-1
		3	Machining-2
		4	Wash-2
		5	Measuring
		6	Unload

하는 설비와 공정에 소요되는 시간 정보는 표 5.2에 나타나 있다. 설비에는 가공기계 4대($m=1\sim4$), 세척기계($m=5$), 측정기계($m=6$)가 있다.

표 5.2에서 1번 타입의 작업물을 예로 설명하자면, 가공공정은 1번 설비(가공기계#1)에서 Tri(25, 30, 35)분간 수행되고, 세척은 5번 설비(세척기계)에서 Uni(3, 8)분간, 측정은 6번 설비(측정기)에서 Uni(8, 12)분간 진행된다.

표 5.2 FMS 시뮬레이션 실험 예제의 공정별 담당설비 및 소요시간 정보

작업물 타입(i)	공정이름	작업 가능한 설비{m}	공정 시간(min)
1	Machining	1	Tri(25, 30, 35)
	Wash	5	Uni(3, 8)
	Measuring	6	Uni(8, 12)
2	Machining	2	Tri(25, 30, 35)
	Measuring	6	Uni(8, 12)
3	Machining-1	3	Tri(25, 30, 35)
	Wash-1	5	Uni(3, 8)
	Machining-2	4	Tri(25, 30, 35)
	Wash-2	5	Uni(3, 8)
	Measuring	6	Uni(8, 12)

위의 표 5.1과 표 5.2에 정의된 FMS에서 가공기계 #4의 고장이 발생하고 수리에 5시간이 소요된다는 상황을 가정하였다. 가공기계 #4는 3번 타입 작업물의 두 번째 공작을 담당하고 있다. 고장으로 인해 가공기계 #3이 3번 타입 작업물의 첫 번째, 두 번째 공작을 모두 담당하는 대안으로 고장 상황에 대응할 수 있을지를 알아보기 위해 온라인 시뮬레이션을 반복 수행하여 가공기계 #3의 평균 가동률과 3번 타입 작업물의 시간당 평균 생산량을 확인하였다.

그림 5.2는 설비가 고장 나지 않았을 경우와 고장발생 후 위에서 설명한 대안을 적용했을 때 가공기계 #3의 평균 가동률을 비교한 그래프이고, 그림 5.3은 5회 실험 결과로 얻어진 3번 타입 작업물의 시간당 평균 생산량을 비교한 그래프이다. 그림 5.2의 왼쪽 막대와 그림 5.3의 다이아몬드 모양 그래프는 설비가 고장 나지 않았을 경우의 결과를, 그림 5.2의 오른쪽 막대와 그림 5.3의 사각형 모양 그래프는 기

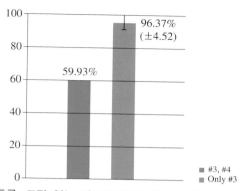

그림 5.2 설비 가동률: 고장 없는 경우(59.93%) 및 고장발생 경우(96.37%)

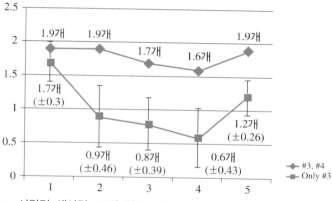

그림 5.3 시간당 생산량: 고장 없는 경우(◆) 및 고장발생 경우(■)

계 #3가 3번 타입 작업물의 모든 공작을 담당하는 대안의 결과를 나타낸다.

그림 5.4는 FMS 시뮬레이션 장면을 Proof Animation®을 통하여 애니메이션 화면 이미지를 보여주고 있다(부록 A.4 참조).

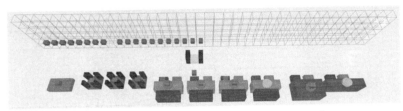

그림 5.4 FMS 시뮬레이션 장면 애니메이션 예

5.2 전자부품 Fab 시스템 모델링 및 시뮬레이션

(1) 전자부품 Fab 소개

전자부품 Fab에는 다양한 생산설비가 존재하는데, 이 중 인라인 셀 (inline cell)이 가장 대표적인 생산설비다. 대표적인 전자부품 Fab인 LCD Fab과 반도체 Fab에서의 생산설비는 대부분 비슷하지만, 물류설비의 경우는 LCD Fab에서는 컨베이어를, 반도체 Fab에서는 OHT (Overhead Hoist Transporter)를 주로 사용한다. 그림 5.5의 LCD Fab은 6개의 인라인 스토커(inline stocker)로 이루어져 있고, 인라인 스토커는 컨베이어로 연결되어 있다. 인라인 스토커 안에는 카세트(cassette)들을 저장하는 선반(shelf)들과 인라인 셀들이 연결되어 있고, 물류는 스태커크레인(stacker crane)이 담당한다. 카세트 안에 여러 장의 판유리(glass)들이 담겨 카세트 단위로 이송되고, 생산설비에서 카세트에 담긴 판유리를 한 장씩 꺼내어 공정작업(processing)을 수행한다.

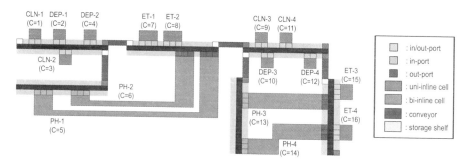

그림 5.5 예제 LCD Fab 레이아웃

인라인 셀은 크게 작업물이 동일 포트에서 로딩/언로딩되는 단일인라인 셀(uni-inline cell)과 작업물이 서로 다른 포트에서 각각 로딩되고 언로딩 되는 분리인라인 셀(bi-inline cell)의 두 종류로 구분할 수 있다. 그림 5.6과 그림 5.7은 각각 단일인라인 셀과 분리인라인 셀의 참조모델을 나타내고 있다.

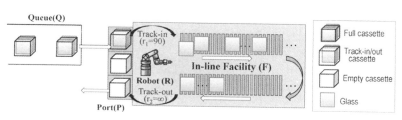

그림 5.6 단일인라인 셀 참조모델

그림 5.7 분리인라인 셀 참조모델

본 절에서는 그림 5.6, 그림 5.7에서 소개한 두 종류의 인라인 셀 설비에 대해 색상형ACD 형식론으로 모델링을 수행하고, 이를 통해 색상형ACD 형식론의 두 가지 특징인 모델 검증이 용이함을 보이고, 모델 초기화 절차에 대해 소개한다. 또한 두 종류의 인라인 셀 설비가 포함된 전자부품 Fab으로 색상형ACD 모델을 확장하여 ACE++를 활용하여 시뮬레이션을 수행하였다.

(2) 인라인 셀 설비의 색상형ACD 모델

앞서 소개한 단일인라인 셀과 분리인라인 셀에 대한 색상형ACD 모델을 작성하면, 각각 그림 5.8, 그림 5.9와 같다. 참조모델과 마찬가지로 단일인라인 셀과 분리인라인 셀의 색상형ACD 모델은 유사한 모델 흐름을 갖는다.

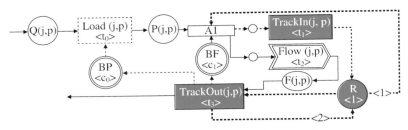

그림 5.8 단일인라인 셀의 색상형ACD 모델

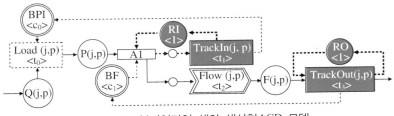

그림 5.9 분리인라인 셀의 색상형ACD 모델

그림 5.8, 그림 5.9에서 확인할 수 있듯이 대부분의 모델 흐름은 두 인라인 셀이 동일하지만, 단일인라인 셀은 하나의 포트에서 한 대의 로봇(R)에 의해 트랙인(track-in), 트랙아웃(track-out)이 모두 일어나고, 분리인라인 셀은 투입포트(in-port)의 트랙인 로봇 (RI)과 방출포트(out-port)의 트랙아웃 로봇(RO)으로 구분된다는 차이점만 존재한다. 모델에 사용된 마스터데이터들은 아래와 같이 정의된다.

- t_0 : 카세트를 대기노드(Queue)에서 투입포트로 로딩 시 소요 시간
- t_1 : 카세트 내의 모든 판유리들의 트랙인 소요 시간
- t_2 : 하나의 판유리가 셀 내부 컨베이어에서 공정수행 소요 시간
- t_3 : 카세트 내의 모든 판유리들의 트랙아웃 소요 시간
- c_0 : 포트(투입 포트)의 카세트 용량
- c_1 : 셀 내부 컨베이어의 카세트 용량

(3) 색상형ACD 모델 초기화

그림 5.10, 그림 5.11은 그림 5.6, 그림 5.7에 소개된 각 인라인 셀의 참조모델 상에 특정 시각의 상태를 나타낸 그림이다. 그림으로 표현된 각 인라인 셀의 현재상태는 아래와 같이 상태변수로 정의할 수 있다.

- L_1 : 설비 앞 대기노드(Q)에서 대기 중인 카세트 리스트
- L_2 : 공용 포트(P) 혹은 투입 포트(PI)에서 대기 중인 카세트 리스트
- L_3 : 셀 내부 컨베이어에서 현 공정을 수행하며 이동 중인 카세트 리스트
- L_4 : 셀 내부 컨베이어의 끝에서 공정을 마치고 대기 중인 카세트 리스트
- C_1 : 설비 앞 대기노드에서 포트로 로딩 중인 카세트

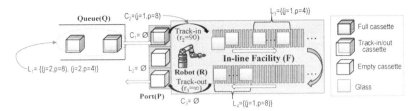

그림 5.10   단일인라인 셀의 현재상태 예제

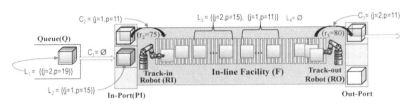

그림 5.11   분리인라인 셀의 현재상태 예제

- C_2 : 트랙인 중인 카세트
- C_3 : 트랙아웃 중인 카세트
- r_1 : 남은 로딩 시간
- r_2 : 남은 트랙인 시간
- r_3 : 남은 트랙아웃 시간

위에서 정의된 상태변수를 사용하면, 그림 5.10, 그림 5.11에서 그림으로 표현된 각 인라인 셀의 현재상태를 아래와 같이 정의할 수 있다. 카세트는 작업물 타입 j와 현재 공정단계 p를 사용하여 (j, p) 형태로 정의된다.

1) 그림 5.10의 단일인라인 셀의 현재상태

- L_1 : {(j=2, p=8), (j=2, p=4)}; L_2 : $\varnothing$; L_3 : {(j=1, p=4)}; L_4 : {(j=1, p=8)}};

- C_1 : $\varnothing$; C_2 : (j=1, p=8); C_3 : $\varnothing$;
- r_1 : ∞; r_2 : 90; r_3 : ∞;

2) 그림 5.11의 분리인라인 셀의 현재상태

- L_1 : {(j=2, p=19)}; L_2 : {(j=1, p=15)}; L_3 : {(j=2, p=15), (j=1, p=11)}; L_4 : $\varnothing$;
- C_1 : $\varnothing$; C_2 : (j=1, p=11); C_3 : (j=2, p=11);
- r_1 : ∞; r_2 : 75; r_3 : 80;

앞서 제3장의 3.2절에서 소개한 모델 초기화 절차에 따라 현재상태 정보와 마스터데이터를 사용하여 아래와 같이 그림 5.8, 그림 5.9의 색상형ACD 모델의 대기노드 초기화 규칙을 정의할 수 있다.

- If ($|C_2| \equiv 0$ && $|C_3| \equiv 0$) {R=1;} else {R=0;}   // R queue
- If ($|C_2| \equiv 0$) {RI=1;} else {RI=0;}   // RI queue
- If ($|C_3| \equiv 0$) {RO=1;} else {RO=0;}   // RO queue
- BP=c_0 − ($|C_1|+|L_2|+|C_2|+|L_3|+|L_4|+|C_3|$);   // BP queue
- BPI=c_0 − ($|C_1|+|L_2|+|C_2|$);   // BPI queue
- BF=c_1 − ($|C_2|+|L_3|+|L_4|+|C_3|$);   // BF queue
- For k=1~$|L_1|$ {($L_1[k].j$, $L_1[k].p$) → Q;}   // Q queue
- For k=1~$|L_2|$ {($L_2[k].j$, $L_2[k].p$) → P;}   // P queue
- For k=1~$|L_4|$ {($L_4[k].j$, $L_4[k].p$) → F;}   // F queue

인라인 셀 모델에서 초기화가 필요한 활동노드는 총 4개인데 아래와 같이 초기화한다. TI, TO 활동의 경우, 작업 잔여시간(remaining time)을 현재상태 정보에서 정의하여 사용하지만, 다른 활동노드들은 각 카세트별 작업 잔여시간을 균등하게 배분하여 초기화 규칙을 정의한다. 아래 규칙에서 "-end"는 "발생예정(BTO)이벤트"를 나타낸다.

- If ($|C_1| > 0$) {Schedule-Event(Load-end($C_1.j$, $C_1.p$), $t_0/2$);}
- If ($|C_2| > 0$) {Schedule-Event(TI-end($C_2.j$, $C_2.p$), r_2);}
- If ($|C_3| > 0$) {Schedule-Event(TO-end($C_3.j$, $C3.p$), r_3);}
- If ($|C_2| > 0$) {$C_2 \rightarrow L_3$;} // append C_2 at the end of L_3
- If ($|L_3| > 0$) {$d = t_2$ / ($|L_3|+1$);
- For $k = 1 \sim |L_3|$ {Schedule-Event(Flow-end($L_3[k].j$, $L_3[k].p$), $k*d$);}}

(4) 인라인 셀 설비로 구성된 전자부품 Fab 시스템 시뮬레이션

그림 5.8 및 그림 5.9에서 소개한 인라인 셀의 색상형ACD 모델들과 단순화한 자동반송 시스템의 색상형ACD 모델을 연결하여 그림 5.12와 같은 인라인 셀 설비로 구성된 전자부품 Fab의 색상형ACD 모델을 정의할 수 있다. 전자부품 Fab의 물류 시스템인 자동반송 시스템은 그림 5.12에서처럼 이동 활동노드로 정의된 Move노드 하나로 단순화하였다. 또한 단일인라인 셀과 분리인라인 셀의 색상형ACD 모델은 각각 파라미터 u와 b를 사용하여 파라미터화(parameterize)하였으며, 파라미터 j는 작업물 종류를, p는 공정 단계를 나타내어 전체 Fab 모델에서 작업물의 공정 흐름을 표현하였다. 또 파라미터 c와 c_n은 각각 현재 위치한 설비, 다음으로 이동할 설비를 나타낸다.

카세트는 생성 활동노드(Generate)를 통해 생성되어, 이동 활동노드(Move)에 의하여 공정을 수행할 인라인 셀로 보내진다. 특정 인라인 셀에서 공정을 마친 카세트는 다시 Move노드에서 다음 공정을 위해 다른 인라인 셀로 보내진다. 카세트가 공정흐름 상의 모든 작업을 마치면(즉, $c_n \equiv$ Done), 방출 대기노드를 통해 시스템에서 나간다.

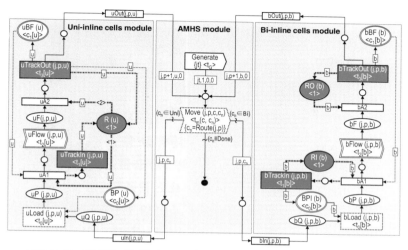

그림 5.12 인라인 셀 설비로 구성된 전자부품 Fab의 색상형ACD 모델

온라인 시뮬레이션(online simulation) 기반의 실험을 수행하기 위하여 표 5.3~5.6에 보인 바와 같은 공정흐름 정보, 설비 정보, 레이아웃 정보, 이동시간 정보에 관한 마스터데이터를 사용하였다. 각각의 정보들은 그림 5.5의 가상 LCD Fab을 표현하도록 정의되어 있다. 색상형 ACD 형식론은 파라미터형ACD 형식론을 확장한 형식론으로, 전자부품 Fab 클래스에 대한 모델을 정의하였기 때문에, 마스터데이터의 값들만 변경하면 그림 5.5의 가상 LCD Fab이 아닌 다른 전자부품 Fab에 대한 시뮬레이션이 가능하다.

표 5.3 가상 LCD Fab의 공정흐름 정보

공정단계	1,5	2,6	3,7	4,8	9,13,17[*]	10,14,18[*]	11,15,19[*]	12,16,20[*]
작업가능 셀	1,3	2,4	5,6	7,8	9,11	10,12	13,14	15,16

* Type-2 카세트만 공정단계 17~20 처리 가능

표 5.4 가상 LCD Fab의 설비 정보

인라인셀(c)	타입	$t_0[c]$	$t_1[c]$	$t_2[c]$	$t_3[c]$	$c_0[c]$	$c_1[c]$
1,3	U	0.1	Uni(0.5,1.5)	Tri(1,2,3)	Uni(0.5,1.5)	2	2
2,4,9,10	U	0.1	Uni(1,2)	Tri(2,3,5)	Uni(1,2)	2	2
5,6,13,14	B	0.1	Uni(2,3)	Tri(8,10,12)	Uni(2,3)	3	5
7,8,15,16	U	0.1	Uni(1.5,2.5)	Tri(5,6,7)	Uni(1.5,2.5)	2	3
11,12	U	0.1	Uni(1.5,2.5)	Tri(3,4,5)	Uni(1.5,2.5)	2	2

표 5.5 가상 LCD Fab의 이동 시간 정보

$t_m[s, d]$	d = 1	d = 2	d = 3	d = 4	d = 5	d = 6
s = 1	0.2	0.8	X	X	X	X
s = 2	X	0.2	X	X	X	X
s = 3	X	X	0.2	0.7	X	X
s = 4	X	X	X	0.2	0.7	X
s = 5	X	X	X	X	0.2	X
s = 6	X	X	X	0.7	X	0.2

표 5.6 가상 LCD Fab의 레이아웃 정보

Inline stocker	1	2	3	4	5	6
투입포트 (from)	1,2,3,4	–	5,6,7,8	9,10,11,12	–	13,14,15,16
방출포트 (to)	1,2,3,4	5,6	7,8	9,10,11,12	13,14	15,16

그림 5.13은 ACE++ GUI를 사용하여 그림 5.12의 색상형ACD 모델과 동일한 모델을 작성한 화면이다. 그림 5.12의 색상형ACD 모델은 다른 수정이나 확장 없이 시뮬레이터에 있는 그대로 입력된다.

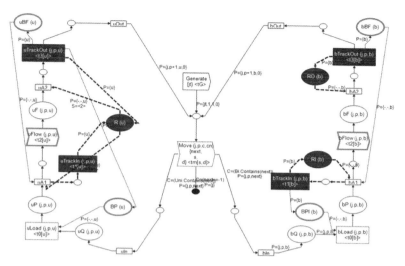

그림 5.13 ACE++로 작성한 인라인 셀 설비로 구성된 전자부품 Fab 모델

모델 초기화가 잘 이루어지는가를 실험해보기 위해 오전 6시부터 매 시간 간격으로 1번 타입 카세트를 6개씩, 2번 타입 카세트를 3개씩 배치로 투입하여 반복 시뮬레이션을 수행하였다. 그림 5.14는 투입 시각별 1번 타입 카세트 배치의 평균 TAT(turn-around-time)를 나타낸 그래프이다. 그림 5.14의 X축은 카세트 배치의 투입 시각을 의미하고, Y축은 해당 시각에 투입된 카세트 배치의 평균 TAT를 나타낸다. 우선 다이아몬드 표식의 그래프는 Fab이 비어있는(empty) 상태에서 시뮬레이션을 시작했을 때, 즉, 오프라인 시뮬레이션의 결과를 나타낸다. 사각형 표식의 그래프는 오프라인 시뮬레이션 시작 후 4시간 후(10시)의 '현재상태'를 시뮬레이션 모델 초기화에 사용한 온라인 시뮬레이션 결과이고, 삼각형 표식의 그래프는 오프라인 시뮬레이션에서 8시간이 지난 시점(14시)의 현재상태를 시뮬레이션 모델 초기화에 사용하여 수행한 결과이다.

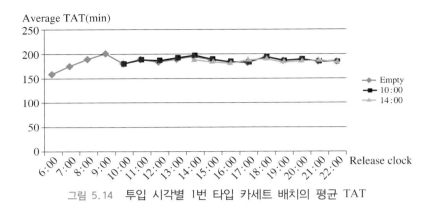

그림 5.14 투입 시각별 1번 타입 카세트 배치의 평균 TAT

5.3 종합병원 외래진료 시스템의 모델링 및 시뮬레이션

종합병원은 서로 다른 진료과를 포함하는 병원으로 각 외래진료과 (outpatient department)는 외래 환자들에게 의료 서비스를 제공한다. 또 종합병원에는 각 진료과에 속하는 전용 검사실과 여러 모든 진료과에서 함께 사용하는 공용 검사실이 존재한다. 예를 들어 산부인과에는 초음파 검사실과 같은 산부인과 전용 검사실이 존재하고, X-ray 촬영실처럼 병원 내의 여러 진료과에서 사용하는 공용 검사실이 존재한다.

(1) 종합병원 외래진료 시스템 소개

그림 5.15는 종합병원(대학병원) 외래진료 시스템의 참조모델을 나타낸다. 환자들은 자신이 진료 받을 진료과에서 질병에 따라 각자 서

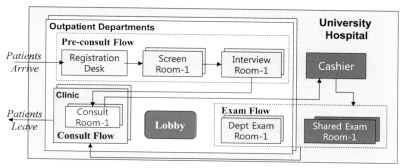

그림 5.15 종합병원 외래진료과 참조모델

로 다른 흐름으로 의료 서비스를 제공 받는다. 서로 다른 환자의 흐름
은 그림 5.15의 참조모델처럼 하나의 클래스로 정의할 수 있다.

환자가 도착하면 먼저 진료 전 흐름(pre-consult flow)에 해당하는
서비스를 받는다. 진료 전 흐름은 의사에게 진료를 받기 전에 수행되
는 작업들로 접수, 문진 등이 해당된다. 그 후, 환자는 자신을 담당하
는 의사에게 진료(consult)를 받는다. 진료가 끝나고 나면, 환자에 따
라 귀가할 수도 있고, 필요한 검사(exam)를 수행할 수도 있다. 검사가
필요한 경우, 환자는 수납실(cashier)로 이동하여 검사 비용을 수납하
고, 필요한 검사를 받는다. 이 때 수행하는 검사의 종류에 따라 진료
과 전용 검사실(Dept exam room)에서 검사를 받을 수도 있고, 병원
공용 검사실(shared exam room)로 이동하여 진행할 수도 있다. 검사를
마친 환자는 귀가하거나 진료실로 돌아가 의사에게 검사 결과와 함께
다시 진료를 받고 귀가한다.

(2) 종합병원 외래진료 시스템의 색상형ACD 모델

그림 5.16은 종합병원 외래진료 시스템의 색상형ACD 모델을 보여주

고 있는데, 5종류(생성, 무색, 순간, 작업, 이동)의 활동노드와 5종류(개체, 용량, 설비, 순간, 방출)의 대기노드로 구성되어 있으며, 변의 종류도 3가지(개체 흐름, 설비 흐름, 용량/신호 흐름)가 있다. 활동노드의 파라미터는 d(department: 진료과), p(patient : 환자타입), i(index : 진료단계), s(station : 현 진료장소), ns(next-station : 다음 진료 장소), dr(doctor : 의사)의 5가지이다. 따라서 그림 5.16은 복수의 외래진료과와 여러 검사실들로 구성된 종합병원 전체의 운영을 나타내는 모델이다.

환자는 방문할 외래진료과(d), 환자타입(p), 그리고 진료받을 의사(dr) 정보를 가지고 병원에 도착(Arrive 노드)한다. 환자는 진료순서를 확인(RouteP 노드)하고 우선 PreConsult 지역으로 이동(M2P 노드)해서 처치(PreConsult 노드)를 받고 다시 진료순서를 확인하고 Clinic 지역으로 이동(M2C 노드)한다. Clinic에서 진료(Prepare 노드 & Consult

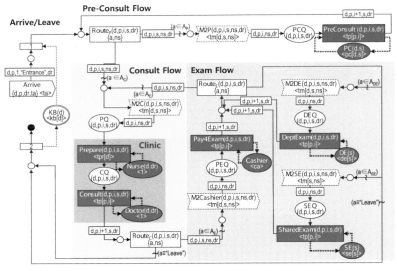

그림 5.16 종합병원 외래진료 시스템의 색상형ACD 모델

노드)를 받은 후 진료순서(RouteC 노드)에 따라 병원을 떠나거나 검
사를 받으러 간다.

(3) 종합병원 외래진료 시스템의 시뮬레이션

그림 5.17은 ACE++ GUI를 사용하여 그림 5.16의 색상형ACD 모델
과 동일한 모델을 작성한 화면이다.

그림 5.18은 시뮬레이션 실험 대상이 될 산부인과(obstetrics-gynecology
department) 및 안과(ophthalmology department)와 두 공용 검사실(X-ray
room & LAB room)을 갖는 병원의 레이아웃을 나타낸다.

산부인과에는 접수처(registration desk), 기초측정실(screen room), 문
진실(interview room), 진료실(consult room)과 산부인과 전용 검사실인
초음파 검사실(ultrasonography room)이 존재한다. 안과에는 산부인과와
동일하게 접수처, 기초 측정실, 문진실, 진료실이 있고, 안과 전용 검사
실로 안구광학단층촬영 검사실(optical coherence tomography room), 수

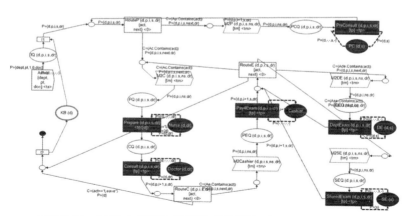

그림 5.17   ACE++ GUI로 작성한 종합병원 외래진료 시스템 모델

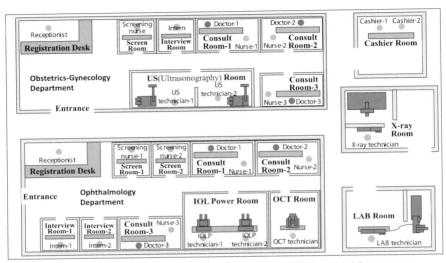

그림 5.18 가상의 종합병원 외래진료 시스템 레이아웃

정체 도수 검사실(intra ocular lens power room)이 존재한다. 병원 공용 검사실로는 X-ray 촬영실(X-ray room)과 진단 검사실(LAB room)이 있다.

아래의 표 5.7은 시뮬레이션에 사용한 환자 종류별 서비스 흐름 및 소요 시간 정보를 나타낸다. 산부인과에는 다섯 종류의 서비스 흐름이, 안과에는 여섯 종류의 서비스 흐름이 존재하고, 환자들은 이 중 하나의 흐름대로 의료 서비스를 제공 받고 병원에서 떠나게 된다.

그림 5.18의 병원 레이아웃 정보와 표 5.7의 서비스 정보를 바탕으로 오전 8시 30분부터 오후 12시 30분까지 모든 의사에게 10분 간격으로 예약 환자가 존재하는 오전 진료 기간에 대해 시뮬레이션을 수행하여 각 검사실의 평균 사용률을 확인하였다. 10%의 확률로 예약 환자가 나타나지 않는 상황(이를 부도율이라 부른다)을 가정하였고, 환자들의 이동 시간은 위치 구분 없이 30초씩 소요된다고 단순화하여 시뮬레이션을 수행하였다.

표 5.7 가상 병원 외래진료 시스템의 서비스 흐름 및 소요 시간(분) 정보

진료과	환자 타입	비율	단계 1	단계 2	단계 3
OB-GYNE	1	15%	Register(0.5)	Screen(2)	Consult(7)
	2	10%	Register(0.5)	Screen(2)	Interview(5)
	3	50%	Register(0.5)	Screen(2)	Consult(7)
	4	10%	Register(0.5)	Screen(2)	Consult(7)
	5	15%	Register(0.5)	Screen(2)	Consult(7)
OPH	1	10%	Register(0.5)	Screen(2)	Consult(7)
	2	10%	Register(0.5)	Screen(2)	Interview(5)
	3	20%	Register(0.5)	Screen(2)	Consult(7)
	4	20%	Register(0.5)	Screen(2)	Consult(7)
	5	20%	Register(0.5)	Screen(2)	Consult(7)
	6	20%	Register(0.5)	Screen(2)	Consult(7)

진료과	환자 타입	비율	단계 4	단계 5	단계 6
OB-GYNE	1	15%	–	–	–
	2	10%	Consult(14)	–	–
	3	50%	Pay4Exam(1.5)	US(10)	Consult(7)
	4	10%	Pay4Exam(1.5)	LAB(5)	–
	5	15%	Pay4Exam(1.5)	X-ray(5)	Consult(7)
OPH	1	10%	–	–	–
	2	10%	Consult(14)	–	–
	3	20%	Pay4Exam(1.5)	OCT(10)	Consult(7)
	4	20%	Pay4Exam(1.5)	IOLP(10)	Consult(7)
	5	20%	Pay4Exam(1.5)	LAB(5)	–
	6	20%	Pay4Exam(1.5)	X-ray(5)	Consult(7)

그림 5.19와 표 5.8은 반복 시뮬레이션에서 각 진료과의 전용 검사실과 병원 공용 검사실 내 검사 장비의 평균 사용률과 검사실 앞 대기 시간의 평균 및 최대값을 나타낸다.

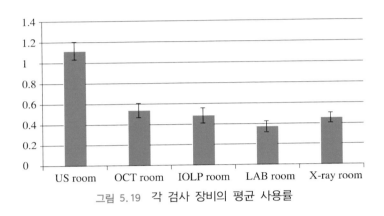

그림 5.19 각 검사 장비의 평균 사용률

표 5.8 각 검사실 앞 대기 시간

검사실	US room	OCT room	IOLP room	LAB room	X-ray room
평균대기시간(분)	1.31	2.43	0.62	0.49	0.63
최대대기시간(분)	6.5	8.5	3.5	1.5	2.5

그림 5.19에서 확인할 수 있듯이, 산부인과의 초음파(US) 검사실과 안과의 수정체 도수(IOLP) 검사실은 2대의 검사 장비가 존재한다. 초음파 검사실은 평균적으로 1대 이상의 검사 장비가 사용되므로 2대의 검사 장비를 두는 것이 적절하지만, 수정체 도수 검사실의 경우는 평균적으로 약 0.5대의 검사 장비가 사용되기 때문에 검사 장비가 2대이면 비효율적이라고 말할 수 있다. 또한 공용 검사실인 X-ray 촬영실

과 진단(LAB) 검사실 모두 평균적으로 0.5대 이하의 사용률이 나타남을 확인할 수 있다. 또한 표 5.8에서 확인할 수 있듯이, 모든 검사실의 평균 대기 시간이 3분 이하이고, 최대 대기 시간이 8.5분으로 대부분의 경우에서 환자들이 검사를 위해 오래 대기하는 경우는 없음을 알수 있다.

참 고 문 헌

B. K. Choi and D. H. Kang, *Modeling and Simulation of Discrete-Event Systems*, John Wiley & Sons, 2013.

B. K. Choi, H. Kim, and D. Kang, "Parameterized Modeling of Outpatient Departments in University Hospitals", in *Proc. 2014 ESMC*, Porto, Portugal, pp. 273-277, 2014.

H. Kim and B. K. Choi, "Colored ACD and its Application", *Simulation Modelling Practice and Theory*, vol. 63, pp. 133-148, 2016.

김현식, Colored Activity Cycle Diagram형식론 개발 및 활용, 박사학위논문, KAIST, 2017.

Chapter 6

입력 모델링 및
출력 분석

인간의 잠재력을 끌어 올리고, 더 많은 사람이 균등한 기회를 갖게 하는 것이 우리의
임무다. 이 임무는 단기에 해결되지 않으니 다음 세대를 내다보는 안목으로 투자해
야 한다. 도우려는 대상에게 진정 필요한 것이 무엇인지를 알아야 한다. 그러니 직접
부대끼고 소통하라.

Mark E. Zuckerberg

제6장에서는 색상형ACD 모델에 나타난 제반 활동시간(activity time)
을 생성하는 방법과 시뮬레이션 실행결과 얻어진 자료를 분석하는 절
차를 간략하게 제시하고자 한다. 전자를 입력모델링(input modeling)
이라고 하고 후자를 출력분석(output analysis)이라고 한다.

6.1 도착간격 시간 모델링

(1) 고정 도착률 하에서의 도착간격 시간 생성

사건들이 서로 독립적으로 발생하는 연속 추계적 과정(continuous

stochastic process)을 포아송 프로세스(Poisson process)라고 한다. 고정 도착률(constant arrival rate) λ를 갖는 포아송 프로세스에서 임의의 단위시간구간에 도착한 개체의 수(k)는 다음과 같은 포아송 분포를 따른다.

$$p(k) = e^{-\lambda} * (\lambda)^k / k! \text{ for } k = 0, 1, 2, \cdots \tag{6.1}$$

또 도착간격시간(t)은 아래와 같은 지수 분포를 따른다.

$$f(t) = \lambda * e^{-\lambda t} \tag{6.2}$$

누적분포함수 $F(t) = \int f(t)dt$는 표준균일분포(standard uniform distribution)를 따르므로 표준균일분포변수 U에 대하여 $U = F(t)$가 성립한다. 그런데 누적지수분포는 $F(t) = 1 - e^{-\lambda t}$이므로, 포아송 프로세스에서의 도착간격시간($t$)은 아래와 같은 역변환 방법(inverse transformation method)을 사용하여 구한다.

$$U = 1 - e^{-\lambda t} \Rightarrow e^{-\lambda t} = (1 - U)$$
$$\Rightarrow t = -\left(\frac{1}{\lambda}\right) * \ln(1 - U) \tag{6.3}$$

그런데 지수분포변수의 평균은 $\theta = 1/\lambda$이며 $(1 - U)$도 표준균일분포변수이므로, 평균이 θ인 지수분포변수(exponential variate)는 아래와 같이 생성될 수 있다.

$$X = -\theta * \ln(U) \tag{6.4}$$

한편, 정수 k에 대하여 평균이 θ인 지수분포변수(Y_i) k개를 합한 확률변수 $X(= Y_1 + \cdots + Y_k)$는 평균이 $k\theta$인 Erlang-k분포를 따른다.

따라서, Erlang-k분포변수(X)는 다음과 같이 생성될 수 있다(Erlang-1 분포＝지수분포).

$$X = \sum_{i=1}^{k} Y_i = \sum_{i=1}^{k} \{-\theta * \ln(U_i)\} = -\theta * \ln\left(\prod_{i=1}^{k} U_i\right) \qquad (6.5)$$

그렇다면 도착간격 평균이 μ인 경우 Erlang-k분포에서 k값을 어떻게 정할 수 있을까? 분산 σ^2을 아는 경우 식 (6.5)의 k, θ는 아래와 같이 구한다.

$$k \approx \mu^2/\sigma^2 \quad // \quad k는 \ 정수 \ // \qquad (6.6a)$$

$$\theta = \mu k \qquad (6.6b)$$

분산 값을 모르는 경우에는 식 (6.4)를 이용한다.

(2) 변동 도착률 하에서의 도착간격 시간 생성

그림 6.1은 변동 도착률 $\lambda(t)$와 최대 도착률 λ^*을 보여주고 있으며, Δt는 최대 도착률 하에서 생성된 도착간격 시간이다. 즉, 표준균일분포변수 U1에 대하여 $\Delta t = -(1/\lambda^*)\ln(U1)$. 따라서 현재시점 t_1에 도착간격 시간을 더하면 다음 도착시점은 $t_2 = t_1 + \Delta t$이 된다.

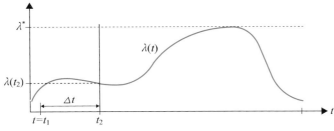

그림 6.1 변동 도착률 하에서의 도착간격시간 생성

그러나 다음 도착시점에서의 실제 도착률은 λ^*가 아니고 $\lambda(t_2)$이므로, 이 시점에서 또 하나의 표준균일분포변수 U_2를 생성하여, $U_2 \leq \lambda(t_2)/\lambda^*$ 조건이 만족하면 t_2를 다음 도착시점으로 받아들인다. 이 조건이 만족되지 않으면 t_2에서 도착간격시간을 다시 생성하여 다음 도착시점을 갱신한다. 이를 thinning방법이라고 하는데 아래와 같은 알고리즘 형태로 정리될 수 있다.

- $t = t_{i-1}$;
- $U_1 \sim U(0.1)$ and $U_2 \sim U(0.1)$; // uniform variates
- $D = -(1/\lambda^*) \ln(U_1)$; // exponential variate with $\theta = 1/\lambda^*$
- $t = t + D$
- If $U_2 \leq \lambda(t)/\lambda^*$ then return $t_i = t$ else go back to Step (2)

$$(6.7)$$

6.2 서비스 시간 모델링

(1) 과거 데이터가 없는 경우의 서비스 시간 생성

그림 6.2에는 널리 쓰이는 서비스 시간 분포함수가 제시되어 있다. 첫째, 서비스 시간의 범위 $[a, b]$만 알고 있는 경우에는 균일 분포함수 Uniform(a, b)를 사용한다. 표준균일분포 변수를 $U \sim U(0, 1)$라고 하면 범위가 $[a, b]$인 균일 분포변수 X는 다음과 같이 생성된다.

$$X = a + (b - a) * U \tag{6.8}$$

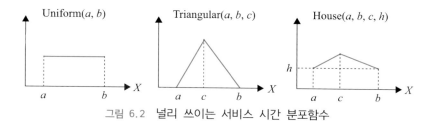

그림 6.2 널리 쓰이는 서비스 시간 분포함수

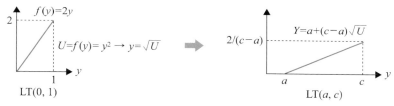

그림 6.3 좌삼각분포 변수를 생성하는 함수식

그림 6.2의 양삼각분포함수 Triangular(a, b, c)는 좌삼각분포함수 LT(a, c)와 우삼각분포함수 RT(c, b)로 구성되어 있다. 그림 6.3에는 LT(a, c)를 따르는 확률변수를 생성하는 식을 구하는 과정이 설명되어 있다.

그림 6.3에 보인 바와 같이 표준좌삼각분포함수 LT(0, 1)의 밀도함수는 $f(y) = 2y$이기 때문에 $U = F(y) = y^2$에서 $y = \sqrt{U}$를 얻는다. 이 결과를 $(c - a)$만큼 늘린(scaling) 후 a만큼 이동시키면, 아래와 같이 좌삼각분포변수 Y를 생성하는 식을 얻는다.

$$Y = a + (c - a) * \sqrt{U} \tag{6.9}$$

또 유사한 방식으로 우삼각분포함수 RT(c, b)를 따르는 확률변수를 생성하는 식을 구하면 아래와 같다.

$$Y = c + (b - c) * (1 - \sqrt{1 - U}) \tag{6.10}$$

위의 두 가지 경우를 합성하면 그림 6.2의 양삼각분포함수 Triangular (a, b, c)를 따르는 확률변수는 다음의 합성방식(composition method)으로 생성할 수 있다.

- Set $p = (c-a)/(b-a)$; // LT(a, c)의 면적
- Generate $U_1 \sim U(0,1)$ & $U_2 \sim U(0,1)$;
- If $U_1 \leq p$ then $X = a + (c-a)\sqrt{U_2}$

$$\text{else} \quad X = c + (b-c)(1 - \sqrt{1 - U_2}); \tag{6.11}$$

그림 6.4에 보인 바와 같이 House(a, b, c, h)는 좌삼각분포함수 LT(a, c), 우삼각분포함수 RT(c, b) 및 균일분포함수 $U(a, b)$의 합성으로 정의된다. 따라서 하우스분포함수 House(a, b, c, h)를 따르는 확률변수(X)도 다음과 같은 합성방식으로 생성할 수 있다.

- Set $r = h(b-a)$; $p = (1-r)(c-a)/(b-a)$; $q = 1 - (p+r)$;
- Generate $U_1 \sim U(0,1)$ and $U_2 \sim U(0,1)$;
- If $(U_1 \leq p)$ hen $X = a + (c-a)\sqrt{U_2}$

$$\text{else if } (U_1 \leq p+q) \text{ then } X = c + (b-c)(1 - \sqrt{1 - U_2}),$$

$$\text{else} \quad X = a + (b-a)(U_2) \tag{6.12}$$

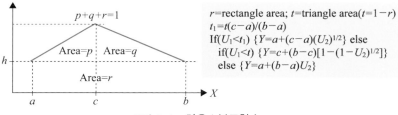

그림 6.4 하우스분포함수

(2) 과거 데이터가 있는 경우의 서비스 시간 생성

그림 6.5에는 수집된 과거 데이터가 있는 경우에 서비스 시간 분포함수로 사용되는 베타분포함수를 보여주고 있다.

수집된 서비스 시간 데이터 $\{X_i\}$로부터 베타분포 $Beta(a, b, \alpha, \beta)$ 확률변수(X)를 생성하기 위하여는 우선 데이터의 표본평균과 표본분산을 구한다.

$$\overline{x} = \frac{1}{n}\sum_{i=1}^{n} X_i \; ; \; s^2 = \frac{1}{n-1}\sum_{i=1}^{n} (X_i - \overline{x})^2 \tag{6.13}$$

위의 표본평균과 표본분산으로부터 표준베타분포 $Beta(\alpha, \beta)$의 평균(u)과 분산(ν)을 구하고, 이를 이용하여 표준베타분포 파라미터의 추정치를 구한다.

$$u = (\overline{x} - a)/(b - a); \; \nu = s^2/(b - a)^2; \tag{6.14}$$

$$\tilde{\alpha} = u\left(\frac{u(1-u)}{\nu} - 1\right); \; \hat{\beta} = (1-u)\left(\frac{u(1-u)}{\nu} - 1\right) \tag{6.15}$$

얻어진 파라미터값을 이용해서 표준 베타분포변수를 생성하는 절차는 간단하게 표현되지 않는다. 모든 시뮬레이션 소프트웨어들은 표준 베타분포변수를 생성하는 함수를 제공하고 있으므로 이를 사용하면 된다. 끝으로 $Beta(\alpha, \beta)$에서 생성된 표준베타분포변수 Y를 원래의 베

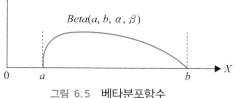

그림 6.5 베타분포함수

타분포 $Beta(a, b, \alpha, \beta)$를 따르는 확률변수 X로 바꾸어주어야 한다.

$$X = a + (b - a) Y \tag{6.16}$$

6.3 출력분석 체계

그림 6.6에는 시뮬레이션 출력분석 체계(output analysis framework)가
제시되어있는데, 시뮬레이션 결과가 의사결정에 유용하게 사용되기
위하여는

- 시뮬레이션 결과의 검증(verification)과 보정(calibration)이 잘 이루어져야 하고,
- 시뮬레이션 실험(experimentation)이 잘 계획되어야 하며,
- 얻어진 결과에 대한 통계적 분석(statistical analysis)이 잘 이루어져야 한다.

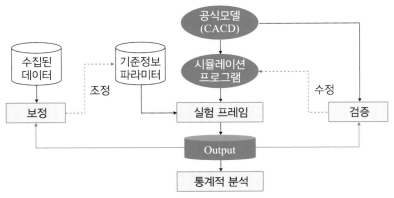

그림 6.6 시뮬레이션 출력분석 체계

(1) 검증과 보정

검증(verification)이란 시뮬레이션 결과가 공식모델(formal model)과 일치하는지를 확인하는 것을 말하며, 보정(calibration)이란 시뮬레이션 출력결과의 정확도가 요구수준에 달성될 때까지 기준정보(master data)와 파라미터(parameter)들을 조정해가며 시뮬레이션 결과를 개선해 나가는 것을 말한다.

검증과 보정은 시뮬레이션 개발단계에서부터 시작하여 테스트 단계는 물론 실제 적용단계까지 꾸준히 추진되어야 한다. 실제 현업 시뮬레이션 프로젝트에서 검증은 시뮬레이션 팀 내부에서 진행되는 반면, 보정은 시뮬레이션 발주업체와 공동으로 추진되어야 한다. 일반적으로 다음과 같은 보정단계를 밟는 것이 바람직하다.

- 프로젝트를 시작할 때 시뮬레이션 팀과 발주자(sponsor) 간에 보정 방향과 사용기법/기준 등에 관한 협약을 맺는다.
- 시뮬레이션 결과의 사용 목적에 맞는 주요 변수(항목)들에 대하여 정합도 목표치를 정량적으로 설정하고 계약서에 명시한다.
- 정합도 향상을 위한 시뮬레이션 실험을 반복할 때마다 시뮬레이션에서 얻은 값과 현장에서 수집한 데이터를 면밀히 비교한다.
- 프로젝트 결과보고 문서에 보정에 관한 내용을 포함시킨다.

(2) 시뮬레이션 실험

시뮬레이션 실험의 목적은 시뮬레이션을 통해 최적의 답을 얻기 위한 것이다. 대상 시스템의 개체들(entities)의 상호작용에 지배적인 영향을 주는 인자와 규칙들 중에서 통제 가능한 것은 파라미터(parameter)라고 하고 통제 불가능한 것은 법칙(law)이라고 부른다. 최적의 파라미터값을 찾기 위한 시뮬레이션 실험을 시뮬레이션 최적화(simulation optimization)라고 하고, 법칙 값의 변화가 주는 영향을 파악하기 위한 시뮬레이션 실험을 민감도분석(sensitivity analysis)라고 한다.

그림 6.7은 시뮬레이션 최적화를 위한 실험 프레임(experimental frame)을 보여주고 있다. 그림에서 볼 수 있듯이 실험 프레임은

- 출력데이터를 분석하는 변환기(transducer)
- 성능지표를 평가해주는 통파기(acceptor)
- 결정변수(handle) 값을 조정해주는 발생기(generator) 및
- 시뮬레이션을 실행하는 시뮬레이터로 구성되어 있다.

시뮬레이션 최적화는 순차적/반복적으로 수행되는 것이 보통이다.

- 일련의 시뮬레이션 실행
- 출력결과 분석
- 성능지표 평가
- 결정변수 조정
- 다시 시뮬레이션 실행

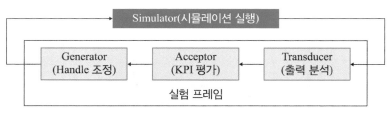

그림 6.7 시뮬레이션 최적화를 위한 실험 프레임

또 최근에는 공정개선을 위한 실험계획기법(예 : response surface methodology)의 사용 또한 시도되고 있다.

6.4 통계적 출력 분석

이산사건시스템 시뮬레이션 출력값은 확률변수이다. 따라서 통계 교과서에 나오는 분석기법들이 시뮬레이션 출력분석에 사용될 수 있다. 다만 시뮬레이션 출력값은 상호 종속성이 강하므로 분석에 보다 세심한 주의가 요구된다. 본 절에서는 종료형 시뮬레이션, 비종료형 시뮬레이션, 그리고 대안비교형 시뮬레이션 각각의 경우에 대한 출력분석 방법을 소개한다.

(1) 종료형 시뮬레이션 출력분석

종료시점이 있는 서비스 시스템에 대하여는 종료형(terminating) 시뮬레이션을 수행한다. X가 종료형 시스템의 성능척도이고, 시뮬레이션의 목적이 X의 평균(μ)과 분산(σ^2)을 추정하는 경우라고 하자. 또 X_j가 j번째 시뮬레이션 실행에서 얻어진 성능척도값이라면, μ와 σ^2의 점 추정치는 다음과 같다.

$$\hat{\mu} = \overline{X}(r) = \frac{1}{r}\sum X_i \ \&$$

$$\hat{\sigma}^2 = S^2(r) = \frac{1}{r-1}\sum (X_i - \overline{X}(r))^2 \tag{6.17}$$

또 평균에 대한 $100(1-\alpha)\%$ 신뢰구간은 아래와 같이 계산된다.

$$\overline{X}(r) \pm t_{r-1,\,1-\alpha/2} \sqrt{S^2(r)/r} \qquad\qquad (6.18)$$

위의 식에서 $t_{v,\,1-w}$를 t-값이라고 부르는데 표 6.1에 제시되어 있다. 예를 들어 10회($r=10$) 시뮬레이션을 수행하고 평균에 대한 95%신뢰구간($\alpha=5\%$)을 구하기 위한 t-값은, 표 6.1에서 $v=9$ & $w=0.025$이므로, $t_{9,\,1-0.025}=2.2622$이다.

표 6.1 신뢰구간을 구하기 위한 t-값($t_{v,\,1-w}$) 표

v	$w=0.4$	$w=0.25$	$w=0.1$	$w=0.05$	$w=0.025$	$w=0.01$	$w=0.005$	$w=0.0005$
2	0.2887	0.8165	1.8856	2.9200	4.3027	6.9646	9.9248	31.5991
3	0.2767	0.7649	1.6377	2.3534	3.1824	4.5407	5.8409	12.9240
4	0.2707	0.7407	1.5332	2.1318	2.7764	3.7469	4.6041	8.6103
5	0.2672	0.7267	1.4759	2.0150	2.5706	3.3649	4.0321	6.8688
6	0.2648	0.7176	1.4398	1.9432	2.4469	3.1427	3.7074	5.9588
7	0.2632	0.7111	1.4149	1.8946	2.3646	2.9980	3.4995	5.4079
8	0.2619	0.7064	1.3968	1.8595	2.3060	2.8965	3.3554	5.0413
9	0.2610	0.7027	1.3830	1.8331	2.2622	2.8214	3.2498	4.7809
10	0.2602	0.6998	1.3722	1.8125	2.2281	2.7638	3.1693	4.5869
15	0.2579	0.6912	1.3406	1.7531	2.1314	2.6025	2.9467	4.0728
20	0.2567	0.6870	1.3253	1.7247	2.0860	2.5280	2.8453	3.8495
30	0.2556	0.6828	1.3104	1.6973	2.0423	2.4573	2.7500	3.6460
40	0.2550	0.6807	1.3031	1.6839	2.0211	2.4233	2.7045	3.5510
60	0.2545	0.6786	1.2958	1.6706	2.0003	2.3901	2.6603	3.4602
120	0.2539	0.6765	1.2886	1.6577	1.9799	2.3578	2.6174	3.3735
∞	0.2533	0.6745	1.2816	1.6449	1.9600	2.3263	2.5758	3.2905

(2) 비종료형 시뮬레이션 출력분석

명확한 종료시점이 없이 계속 운영되는 시스템(예 : 반도체 Fab)을 분석하기 위한 시뮬레이션에서는 종료시간을 아주 큰 값으로 정하는데, 이를 비종료형 시뮬레이션(non-terminating simulation)이라고 한다. 시뮬레이션 시작 시점에서 시스템 초기화하지 않은 경우(즉 시스템이 비어있는 상태에서 시뮬레이션을 시작한 경우)에는 시스템이 안정상태(steady state)에 이르기까지의 준비기간(warmup period)에 수집된 자료는 버리고 출력분석을 시행한다.

예를 들어 Y_j가 j-번째 개체의 체류시간(sojourn time)을 나타내고, 시뮬레이션 된 총 n개의 개체 중에 s개가 준비기간에 속한 개체라면, 안정상태에서의 체류시간 평균값은 다음과 같이 계산된다.

$$\hat{\mu} = \overline{Y}(n,\ s) = \left(\sum_{j=s+1}^{n} Y_j \right) / (n-s) \tag{6.18}$$

위 식의 평균에 대한 신뢰구간을 계산하려면 표본분산값을 구해야 하는데 $\{Y_j:\ j = s+1 \sim n\}$가 서로 독립이 아니라는 데에 문제가 있다. 시뮬레이션에서 얻어지는 확률변수들 간의 상호 종속성을 극복하기 위하여 아래와 같은 배치평균 방법(method of batch mean)이 널리 사용된다.

- 배치개수(m) 결정 : 보통 $10 \leq m \leq 30$
- 배치크기(b) 계산 : $b = (n-s)/m$
- k번째 배치평균 계산($k = 1 \sim m$)

$$\overline{Y}_k(b) = \left(\sum_{j=s+(k-1)b+1}^{s+kb} Y_j \right) / b$$

- 배치평균들의 표본분산 계산

$$S^2(m, b) = \frac{1}{m-1} \sum_{k=1}^{m} [\overline{Y}_k(b) - \overline{Y}(n, s)]^2 \qquad (6.19)$$

- 안정상태 평균에 대한 $100(1-\alpha)\%$ 신뢰구간 계산

$$\hat{\mu} \pm t_{m-1,\,1-\alpha/2} \sqrt{S^2(m, b)/m} \qquad (6.20)$$

(3) 대안비교형 시뮬레이션 출력분석

X_j와 Y_j는 각각 대안 시스템(alternative systems) A와 B에 대한 j번째 시뮬레이션 출력값이다. 총 시뮬레이션 실행 횟수가 r이라면, $j = 1 \sim r$에 대하여 차이 값 Z_j를 다음과 같이 정의한다.

$$Z_j = X_j - Y_j \quad \text{for} \quad j = 1 \sim r \qquad (6.21)$$

또 Z_j의 평균(μ)과 분산(σ^2)에 대한 추정치는 다음과 같이 계산된다.

$$\hat{\mu} = \overline{Z}(r) = \frac{1}{r} \sum_{j=1}^{r} Z_j \quad \&$$

$$\hat{\sigma}^2 = S^2(r) = \frac{1}{r-1} \sum_{j=1}^{r} (Z_j - \overline{Z}(r))^2 \qquad (6.22)$$

따라서 평균에 대한 $100(1-\alpha)\%$ 신뢰구간은 아래와 같이 계산된다.

$$\overline{Z}(r) \pm t_{r-1,\,1-\alpha/2} \sqrt{S^2(r)/r} \qquad (6.23)$$

대부분 대안비교형 시뮬레이션에서는 기존의 시스템(A)과 제안된 시스템(B) 간의 성능 차이가 통계적으로 유의한지 여부가 관심사이다. 예를 들어, 어떤 성능지표에 대하여 제안된 시스템이 $100(1-\alpha)\%$

신뢰수준으로 δ 이상의 개선효과가 있는지를 알아보려면 아래 관계식을 이용한다.

$$\left\{ \overline{Z}(r) - t_{r-1,\,1-\alpha/2} \sqrt{S^2(r)/r} \right\} > \delta \tag{6.24}$$

대안을 비교하는 경우에는 각 대안의 시뮬레이션 실행에 동일한 seed number를 사용하는 것이 변동성을 줄이는 데 도움이 된다. 이를 CRN(common random number)방법이라고 한다.

참 고 문 헌

B. K. Choi and D. H. Kang, *Modeling and Simulation of Discrete-Event Systems*, John Wiley & Sons, 2013.

부 록

A.1 ACD 형식론의 수학적 표현

(1) 확장형ACD의 수학적 표현

확장형ACD(extended activity cycle diagram) 모델은 아래와 같이 8개의 요소로 수학적으로 표현할 수 있다.

EACD$=<A, Q, E, \tau, \mu, \mu_0, M, G>$
- A : 활동노드 집합
- Q : 대기노드 집합
- E : 변 집합
- τ : 시간 진행 함수

- μ : 각 대기노드의 파라미터별 토큰 개수
- μ_0 : μ의 초기값
- $M=\{m_e: E \rightarrow N_0^+ \mid \forall e \in E\}$: 각 변의 다중성(multiplicity)
- $G=\{g_e: \mu \rightarrow \{0, 1\} \mid \forall e \in E\}$: 각 변의 실행조건(guard)

그림 A1.1은 그림 1.5의 우선순위가 있는 생산라인의 확장형ACD 모델이다.

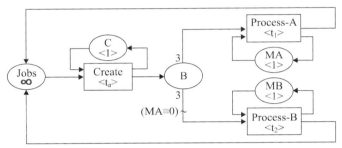

그림 A1.1   우선순위가 있는 생산라인의 확장형ACD 모델

그림 A1.1의 확장형ACD 모델은 다음과 같이 수학적으로 기술할 수 있다.

EACD$_{A1.1}=<A,\ Q,\ E,\ \tau,\ \mu,\ \mu_0,\ M,\ G,\ S>$

- $A=\{a_1=\text{Create},\ a_2=\text{Process-A},\ a_3=\text{Process-B}\}$
- $Q=\{q_1=\text{Jobs},\ q_2=C,\ q_3=B,\ q_4=MA,\ q_5=MB\}$
- $E=\{e_1=(q_1,\ a_1),\ e_2=(q_2,\ a_1),\ e_3=(a_1,\ q_2),\ e_4=(a_1,\ q_3),\ e_5=(q_3,\ a_2),$
  $e_6=(q_3,\ a_2),\ e_7=(q_4,\ a_2),\ e_8=(a_2,\ q_4),\ e_9=(a_2,\ q_1),\ e_{10}=(q_5,\ a_2),\ e_{11}$
  $=(a_2,\ q_5),\ e_{12}=(a_2,\ q_1)\}$
- $\tau(a_1)=t_a,\ \tau(a_2)=t_1,\ \tau(a_3)=t_2$
- $\mu=\{\mu_{q1},\ \mu_{q2},\ \mu_{q3},\ \mu_{q4},\ \mu_{q5}\}$

- $\mu_0(q_1)=\infty$, $\mu_0(q_2)=1$, $\mu_0(q_3)=0$, $\mu_0(q_4)=1$, $\mu_0(q_5)=1$
- $M=\{m_{e5}=m_{e6}=3,\ m_e=1\ \forall e \in E$ except e_5 and $e_6\}$
- $G=\{g_{e6}=(MA\equiv0),\ g_e=(1\equiv1)\ \forall e \in E$ except $e_6\}$

(2) 파라미터형ACD의 수학적 표현

파라미터형ACD(PACD) 모델은 아래와 같이 12개의 요소로 표현할 수 있다.

PACD$=<A,\ Q,\ E,\ V,\ P_N,\ \tau,\ U,\ P_E,\ \mu,\ \mu_0,\ M,\ G>$

- A : 활동노드 집합
- Q : 대기노드 집합
- E : 변 집합
- $V=\{v_1,\ v_2,\ \cdots,\ v_v\}$: 변수 집합
- $P_N=\{pn_n \mid n \in A\cup Q\}$: 파라미터 변수들의 집합
- $\tau: A \rightarrow R_0^+$: 시간 진행 함수
- $U=\{u_a : V\times P_N\times\tau \rightarrow V\times P_N\times\tau \mid a \in A\}$: 각 활동노드의 변수 갱신
- $P_E=\{pe_e \mid e \in E\}$: 파라미터값들의 집합
- $\mu=\{\mu_q\{pn_q\} \in N_0^+ \mid \forall q \in Q\}$: 각 대기노드의 파라미터 별 토큰 개수
- μ_0 : μ의 초기값
- M : 각 변의 다중성(multiplicity)
- $G=\{g_e: \mu\cup P_E \rightarrow \{0,\ 1\} \mid \forall e \in E\}$: 각 변의 실행조건(guard)

그림 A1.2는 그림 1.8의 단순잡샵 시스템의 파라미터형ACD 모델 이다.

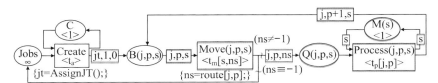

그림 A1.2 단순잡샵 시스템 클래스의 파라미터형ACD 모델

그림 A1.2의 파라미터형ACD 모델은 다음과 같이 기술할 수 있다.

PACD$_{A1.2}$ = <A, Q, E, V, P$_N$, τ, U, P$_E$, μ, μ_0, M, G>

- A = {a$_1$ = Create, a$_2$ = Move, a$_2$ = Process}

- Q = {q$_1$ = Jobs, q$_2$ = C, q$_3$ = B, q$_4$ = Q, q$_5$ = M}

- E = {e$_1$ = (q$_1$, a$_1$), e$_2$ = (q$_2$, a$_1$), e$_3$ = (a$_1$, q$_2$), e$_4$ = (a$_1$, q$_3$), e$_5$ = (q$_3$, a$_2$), e$_6$ = (a$_2$, q$_1$), e$_7$ = (a$_2$, q$_4$), e$_8$ = (q$_4$, a$_2$), e$_9$ = (q$_5$, a$_2$), e$_{10}$ = (a$_2$, q$_5$), e$_{11}$ = (a$_2$, q$_3$)}

- V = {v$_1$ = jt, v$_2$ = ns}

- P$_N$ = {pn$_{q3}$ = pn$_{a2}$ = pn$_{q4}$ = pn$_{a2}$ = {j,p,s}, pn$_{q5}$ = {s}}

- τ(a$_1$) = t$_a$, τ(a$_2${s, ns}) = t$_m$[s, ns], τ(a$_3${j,p}) = t$_p$[j, p]

- P$_E$ = {pe$_{e4}$ = {jt,1,0}, pe$_{e5}$ = pe$_{e8}$ = {j,p,s}, pe$_{e7}$ = {j, p, ns}, pe$_{e9}$ = pe$_{e10}$ = {s}, pe$_{e11}$ = {j, p+1, s}}

- μ = {μ_{q1}, μ_{q2}, μ_{q3}{j,p,s}, μ_{q4}{j,p,s}, μ_{q5}{s}}

- μ_0(q$_1$) = ∞, μ_0(q$_2$) = 1, μ_0(q$_3${j, p, s}) = 0, μ_0(q$_4${j, p, s}) = 0, μ_0(q$_5${s}) = 1 $\forall$j, p, s

- M = {m$_e$ = 1 $\forall$e $\in$ E}

- G = {g$_{e6}$ = (ns $\equiv$ -1), g$_{e7}$ = (ns $\neq$ -1), g$_e$ = (1 $\equiv$ 1) $\forall$e $\in$ E except e$_6$ and e$_7$}

(3) 색상형ACD의 수학적 표현

색상형ACD 형식론도 앞서 보인 다른 ACD 형식론과 마찬가지로 수학적인 표현이 가능하다. 12개의 요소로 표현되었던 파라미터형 ACD 형식론에 7개의 요소가 추가되어 총 19개의 요소로 색상형ACD 형식론 기반의 모델을 수학적으로 표현할 수 있다. 새로이 추가된 7개의 요소는

- 활동노드 색상 관련 요소가 2개
- 대기노드 색상 관련 요소가 2개
- 변 색상 관련 요소가 2개이며
- 마지막으로 실행 우선순위 관련 요소가 1개이다.

$$\text{\bf CACD} = <A,\ Q,\ E,\ V,\ \textstyle\sum_A,\ \sum_Q,\ \sum_E,\ P_N,\ C_A,\ \tau,\ U,\ C_Q,\ P_E,\ \mu,\ \mu_0,$$
$$C_E,\ M,\ G,\ S>$$

- A : 활동노드 집합;
- Q : 대기노드 집합
- E : 변 집합;
- V : 변수 집합
- $\sum_A = \{Create,\ White,\ \cdots\}$: 모델에서 사용하는 활동노드 색상 집합
- $\sum_Q = \{Entity,\ Capacity,\ \cdots\}$: 모델에서 사용하는 대기노드 색상 집합
- $\sum_E = \{Entity\ flow,\ Resource\ flow,\ \cdots\}$: 모델에서 사용하는 변 색상 집합
- P_N : 파라미터 변수 집합
- $C_A : A \rightarrow \sum_A$: 각 활동의 색상
- τ : 시간 진행 함수

- U : 각 활동의 변수 갱신 행동
- C_Q : $Q \rightarrow \sum_Q$: 각 대기노드의 색상
- P_E : 파라미터 값 집합
- μ : 각 대기노드의 파라미터 변수별 토큰 개수
- μ_0 : μ의 초기값
- C_E : $E \rightarrow \sum_E$: 각 변의 색상
- M : 각 변의 다중성(multiplicity)
- G : 각 변의 파라미터값별 실행조건(guard)
- $S = \{s_e : E \rightarrow N_1^+ \mid \forall e \in E\}$: 각 변의 실행 우선순위(selection priority)

그림 A1.3은 그림 1.13에 제시된 단순잡샵 시스템의 색상형ACD 모델이다. 그림 A1.3의 색상형ACD 모델은 색상 개념의 추가로 인해 각 활동과 대기노드의 모양만을 보고도 시스템 내에서 개체가 생성되어 이동, 대기, 설비에서 작업을 순차적으로 수행한다는 것을 쉽게 확인할 수 있다.

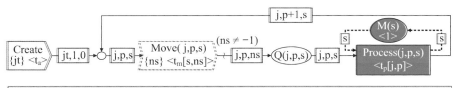

Update actions: Create{jt} ≡ {jt = AssignJT()}; Move(j,p,s){ns} ≡ {ns = route[j, p]}

그림 A1.3　단순잡샵 시스템의 색상형ACD 모델

그림 A1.3의 단순잡샵 시스템의 색상형ACD 모델은 다음과 같이 수학적으로 기술할 수 있다.

CACD$_{A1.3}$ = <A, Q, E, V, $\sum_A$, $\sum_Q$, $\sum_E$, P$_N$, C$_A$, τ, U, CQ, PE, μ,

μ_0, CE, M, G, S>

- A = {a$_1$ = Create, a$_2$ = Move, a$_3$ = Process} // a: activity name
- Q = {q$_1$ = IQ, q$_2$ = Q, q$_3$ = M} // IQ = instance queue
- E = {e$_1$ = (a1, q1), e$_2$ = (q$_1$, a$_2$), e$_3$ = (a$_2$, q$_2$), e$_4$ = (q$_2$, a$_2$), e$_5$ = (q$_3$, a$_2$), e$_6$ = (a$_2$, q$_3$), e$_7$ = (a$_2$, q$_1$)}
- V = {v$_1$ = jt, v$_2$ = ns}
- $\sum_A$ = {ac$_1$ = Create, ac$_2$ = Move, ac$_3$ = Process} // ac: activity color
- $\sum_Q$ = {qc$_1$ = Instance, qc$_2$ = Entity, qc$_3$ = Resource}
- $\sum_E$ = {ec$_1$ = Entity flow, ec$_2$ = Resource flow}
- P$_N$ = {pn$_{q1}$ = pn$_{a2}$ = pn$_{q2}$ = pn$_{A2}$ = {j,p,s}, pn$_{q3}$ = {s}}
- C$_A$(a$_1$) = ac$_1$, C$_A$(a$_2$) = ac$_2$, C$_A$(a$_2$) = ac$_3$
- U = {u$_{a1}$: {jt = AssignJT()}, u$_{a2}$: {ns = route[j,p]}}
- τ(a$_1$) = t$_a$, τ(a$_2${s, ns}) = t$_m$[s, ns], τ(a$_3${j,p}) = tp[j, p]
- C$_Q$(q$_1$) = qc$_1$, C$_Q$(q$_2$) = qc$_2$, C$_Q$(q$_3$) = qc$_3$
- P$_E$ = {pe$_{e1}$ = {jt,1,0}, pe$_{e2}$ = pe$_{e4}$ = {j,p,s}, pe$_{e3}$ = {j,p,ns}, pe$_{e5}$ = pe$_{e6}$ = {s}, pe$_{e7}$ = {j, p+1, s}}
- μ = {μ_{q1}{j,p,s}, μ_{q2}{j,p,s}, μ_{q3}{s}}
- μ_0(q$_1${j, p, s}) = 0, μ_0(q$_2${j, p, s}) = 0, μ_0(q$_3${s}) = 1 $\forall$j, p, s
- C$_E$(e$_1$) = C$_E$(e$_2$) = C$_E$(e$_3$) = C$_E$(e$_4$) = C$_E$(e$_7$) = ec$_1$, C$_E$(e$_5$) = C$_E$(e$_6$) = ec$_2$
- M = {m$_e$ = 1 $\forall$e $\in$ E}
- G = {ge$_3$ = (ns $\neq$ -1), g$_e$ = (1 $\equiv$ 1) $\forall$e $\in$ E except e$_3$}
- S = {s$_e$ = 1 $\forall$e $\in$ E} // 모든 edge가 동등한 priority

색상형ACD 모델 실행

(1) 활동전이 테이블(ATT)

ACD(activity cycle diagram) 형식론 기반의 모델링은 다이어그램뿐
만 아니라 테이블 형태로도 정의가 가능하다. 즉, 동일한 모델을 ACD
이나 ATT(activity transition table : 활동전이 테이블)로 표현할 수 있
다. ATT는 ACD에 나타난 모든 정보를 담고 있는 테이블인데, 다이어
그램보다 테이블로 정의된 모델이 컴퓨터에 입력하기 쉽고, 시뮬레이
션을 위한 프로그래밍 코드로 변환하기 용이하다. ATT를 기반으로
구현된 시뮬레이터는 활동탐색 알고리즘(activity-scanning algorithm)

표 A2.1 단순 잡샵 시스템의 ATT

No	활동 노드	시작점		BTO-event		At-end			
		시작 조건	시작 액션	시간	이름	완료 조건	Para- meter	완료 액션	피영향 활동노드
1	Create	−	AssignJT	t_a	Created	True	−	−	Create
						True	j,1,0	−	Move (j,p,s)
2	Move (j,p,s)	−	ns= route[j,p]	t_m [s,ns]	Moved	(ns≠−1)	j,p,ns	Q(j,p,s)++	Process (j,p,s)
						(ns≡−1)	−	−	−
3	Process (j,p,s)	(M(s)>0) & (Q(j,p,s)>0)	M(s)--; Q(j,p,s)--	t_p [j,p]	Proced	True	s	M(s)++	Process (j,p,s)
						True	j,p+1, s	−	Move (j,p,s)
Initialize		Initial Marking={C=1; B(j,p,s)=0 for all j,p,s; M(s)=1 for all s;} Enable Activities={Create}							

을 사용하여 구동할 수 있다. 표 A2.1은 부록 A.1에서 소개한 단순잡 샵 ACD 모델의 ATT이다.

(2) 활동탐색 알고리즘

그림 A2.1에 ATT를 실행시키는 활동탐색 알고리즘(activity scanning algorism)이 제시되어 있다. 실행 초기에 모델에 정의된 모든 대기 노드(queue)와 변수들을 초기화하고, 모든 활성화된 활동(enabled activities)을 CAL(candidate activity list: 후보활동 리스트)에 저장한다. 가능활동이란 시뮬레이션이 시작될 때 실행 가능한 활동을 뜻한다. 초기화가 완료되면 활동탐색 알고리즘은 3단계를 반복수행하며 시뮬레이션을 진행시킨다. 제1단계는 탐색 단계(scanning phase)로 CAL에 저장된 활동들을 순서대로 하나씩 꺼내어 실행이 가능한지 확인하여 실행하는 단계이다. 이 단계에서 ATT에 정의된 해당 활동의 시작 조건(at-begin condition)이 참일 경우, 시작 행동(at-begin action)을 수행하고, 발생예정 이벤트(BTO-event)를 FEL(future event list: 미래이벤트리스트)에 발생 예정 시각 순으로 저장한다.

CAL에 저장된 모든 활동(activity)에 대해 실행 여부 확인 및 실행이 완료되면, 제2단계인 시간진행 단계(timing phase)를 시작한다. 시간진행 단계에서는 FEL에서 발생 예정 시각이 가장 빠른 이벤트를 꺼내 해당 시각까지 시뮬레이션 시간을 진행시키고, 제3단계인 실행 단계(executing phase)를 시작한다. 실행 단계에서는 앞서 제2단계에서 발생 예정 시각까지 시뮬레이션 시간을 진행한 활동에 대해서 완료 조건(at-end condition)을 확인하여 참일 경우, 완료 행동(at-end action)을 수행하고 피영향 활동노드(influenced activity)들을 CAL에 저장한다. 제3단계까지 완료되면 시뮬레이션 종료(EOS end of simulation)

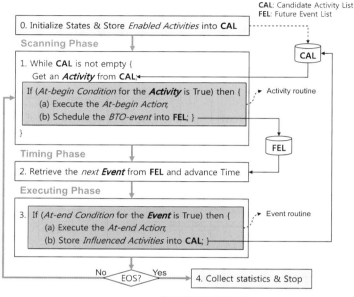

그림 A2.1 활동탐색 알고리즘

조건을 확인하여 참일 경우는 시뮬레이션을 종료하고 결과 통계량을 계산한다. 시뮬레이션 종료 조건이 거짓일 경우, 다시 제1단계로 돌아가서 반복한다.

그러나 그림 A2.1의 활동탐색 알고리즘은 표 A2.1과 같은 파라미터형 ACD를 실행하는 데는 부족한 부분이 있다. 첫째, 제3단계(실행단계)에서 복수 개의 완료 연결선(at-end arc)이 있는 경우 각각에 대하여 완료 조건(at-end condition)을 확인하여 필요한 완료 행동(at-end action)을 실행시키고 피영향 활동노드들을 CAL에 저장해야 하는데 이 부분을 제대로 처리해주지 못한다. 둘째, Process(j,p,s) 활동의 첫 번째 완료 연결선의 피영향 활동노드 Process(-,-,s)는 파라미터 j, p가 정의되지 않는데 이 경우도 잘 처리해 주지 못한다. 따라서 이상의 문제점이 해소되도록 알고리즘을 확장시켜야 한다.

(3) 확장된 활동탐색 알고리즘

위에서 언급한 문제점들이 보완된 확장된 활동탐색 알고리즘이 그
림 A2.2에 제시되어있다. 우선 실행단계(executing phase)에서 모든 완
료 연결선(at-end arc)에 대해 완료 조건을 확인하고, 참일 경우 완료
활동(at-end action)을 실행시키고 피영향 활동노드(influenced activity)
들을 처리할 수 있도록 보완되었다.

아울러 초기화 단계(initialize phase)와 실행단계에서 CAL에 활동
을 저장할 때, WAL(waiting activity list)에도 함께 저장하도록 하였다.
또 탐색단계(scanning phase)에서 CAL에서 가져온 활동의 시작 조건
(at-begin condition)이 참일 경우, 시작 행동(at-begin action)을 수행하

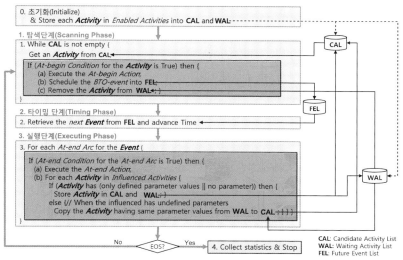

그림 A2.2 확장된 활동탐색 알고리즘

고 해당 발생예정이벤트(BTO-event)를 FEL에 저장한 후, 실행된 활동을 WAL에서 삭제한다. 끝으로 실행단계에서 피영향 활동노드의 파라미터가 일부 정의되지 않은 경우(예: 표 A1-1의 Process(-,-,s))에는 WAL에서 그 활동과 같은 이름의 활동들 중 현재 알고 있는 파라미터 값과 동일한 파라미터값을 갖는 활동들을 찾아 CAL에 저장한다. 활동탐색 알고리즘을 이용하여 전용 ACD시뮬레이터를 개발하는 방법은 참고문헌(BK Choi and DH Kang(2013), Modeling and Simulation of Discrete-Event Systems, John Wiley & Sons)에 잘 기술되어 있다.

A.3 ACE++구조

그림 A3.1은 ACE++시뮬레이터의 내부 구조를 개략적으로 보여주고 있다. ACE++는 크게 4가지 패키지로 구성되어 있다. 유저 인터페이스(user interface) 패키지, 온라인 처리(online processing) 패키지, 시뮬레이션(ACD simulation) 패키지, 정보 수집(data collection) 패키지이다.

  User Interface 패키지는 사용자가 직접 사용하게 될 화면들을 제공하는 컴포넌트들로 구성된다. 모델 입력을 위한 모델 작성기(modeler), 모델의 초기화 규칙을 정의하는 초기화 규칙 작성기(initialization rule editor), 만들어진 모델을 검증하는 모델 검증기(model verifier), 검증된 모델을 시뮬레이션이 가능하도록 C# 언어의 코드로 변환해주는 코드 생성기(code generator), 시뮬레이션 옵션 설정 및 실행을 위한 시뮬레이션 실행기(simulation runner), 시뮬레이션 종료 후 결과 보고서를 제공하는 결과 보고서 출력기(output report

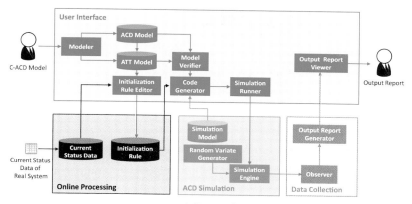

그림 A3.1   ACE++ 내부 구조도

viewer)가 유저 인터페이스 패키지에 포함된다.

　Online Processing 패키지는 정의된 모델의 초기화와 관련된 정보를 저장하는 패키지이다. 외부에서 입력된 현재상태 정보(current status data)와 사용자가 정의한 초기화 규칙을 시뮬레이터 내부에 저장하는 역할을 한다. ACD Simulation 패키지에는 시뮬레이션 구동을 위한 시뮬레이션 엔진(simulation engine)과 시뮬레이션 중 필요한 랜덤 변수를 생성해주는 랜덤 변수 생성기(random variate generator)가 포함된다. 마지막으로 Data Collection 패키지는 시뮬레이션 중 발생하는 다양한 정보들을 수집하여 결과 보고서를 작성하는 역할을 한다. 시뮬레이션이 진행됨에 따라 발생하는 여러 정보를 수집하는 관찰자(observer)와 시뮬레이션 완료 후 수집된 정보를 바탕으로 결과 보고서를 만드는 결과 보고서 작성기(output report generator)로 구성되어 있다. ACE++ 내부 구조에 관한 보다 상세한 설명은 참고문헌(김현식, *Colored Activity Cycle Diagram*형식론 개발 및 활용, 박사학위논문, KAIST, 2017)을 참조하기 바란다.

A.4 시뮬레이션 결과 애니메이션

(1) ACE++ 시뮬레이션 결과 애니메이션 절차

ACE++는 자체적으로 애니메이션 기능을 제공하고 있지는 않으나, 그림 A4.1과 같이 시뮬레이션 결과 보고서에서 제공하는 시뮬레이션 진행 이력을 기반으로 애니메이션 전용 소프트웨어를 활용하여 사용자가 애니메이션을 제작할 수 있다. 본 부록에서는 Proof Animation®을 사용하여 ACE++시뮬레이션 결과의 애니메이션 절차를 간략하게 설명한다.

Proof Animation®으로 애니메이션을 실행하기 위해서는 레이아웃 파일(animation layout file)과 트레이스 파일(animation trace file)이 필요하다. 먼저 시뮬레이션 대상 시스템 내의 설비나 작업물의 형상이나 배치위치 등을 Proof Animation® GUI를 이용하여 애니메이션 레이아웃 파일에 정의하고, 레이아웃 상에서의 움직임과 관련된 내용은 트레이스 파일에 정의한다. 트레이스 파일은 시뮬레이션 진행 이력을 정의된 규칙에 따라 변환하면 얻어진다. 보다 상세한 사항은 참고문헌(Wolverine Software Corporation, Using Proof Animation, Fourth Edition, Wolverine Software Corporation, 2008)을 참조하기 바란다. 본 부록에서는 제2장에서 소개된 '일렬작업라인'과 제4장에서 소개된

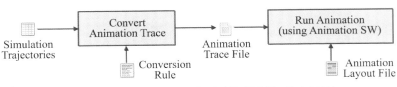

그림 A4.1   시뮬레이션 진행 이력을 활용한 애니메이션

유연생산시스템(FMS)을 예로 들어 ACE++시뮬레이션 결과의 애니메이션 절차를 설명한다.

(2) 애니메이션 예제1: 일렬작업라인

Proof Animation®을 사용하여 컨베이어로 연결된 3단계 일렬작업라인의 레이아웃을 그림 A4.2처럼 간단하게 정의할 수 있다. 초록색으로 설비 모양처럼 표현된 3개의 스테이션들을 검정색으로 표현된 컨베이어가 연결하고 있고, 전체 라인의 시작과 끝에는 투명한(wire frame) 정육면체 형태의 버퍼가 각각 정의되어 있다. 투입버퍼 내에 있는 갈색 정육면체는 작업물을 의미한다. 애니메이션 레이아웃이 완성되면 사용된 각 개체의 이름, 색, 위치 좌표 등을 애니메이션 트레이스 파일 제작에 사용할 수 있게 된다.

그림 A4.3에는 ACE++에서 얻어진 "시뮬레이션 진행이력" 파일을 보여주고 있다. 시뮬레이션 진행 이력 파일은 6개의 열로 정의된 표인데

- Phase 열은 활동탐색 알고리즘에서 현재 진행 중인 단계를 나타내고
- Clock 열은 현재 시뮬레이션 시각을 의미하며
- Current Activity 및

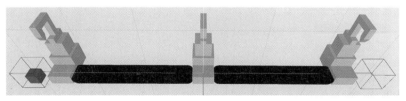

그림 A4.2 일렬작업라인의 애니메이션 레이아웃

- Current Event 열은 현재 실행된 활동노드 및 발생예정 이벤트를 의미한다. 마지막의 두 열인
- Candidate Activity List와
- Future Event List 열은 각각 후보활동 리스트와 미래이벤트 리스트에 저장된 활동노드 및 발생예정 이벤트들을 의미한다.

그림 A4.3에서 P1~P3는 작업활동(process activity)이고, C1, C2는 컨베이어이송활동(convey activity)이며, I1~I4는 순간활동(instant activity)이다. 또 P3_E는 활동 P3의 발생예정(BTO bound to occur) 이벤트이다.

표 A4.1은 일렬작업라인의 시뮬레이션 진행이력을 Proof Animation® 문법에 맞는 트레이스 파일로 변환하는 대응 관계를 보여주고 있다. 예를 들어, 처음 나오는 Activity P1에 대하여는

- 해당 시각에 신규 작업물을 생성하고(create JOB [job index])

Simulation Output Report

Overview:

Model Name: ConveyorDrivenTandemLine

Simulation Length: 300

Simulation Result:

Simulation Trajectory | Variable | Entity Queue | Resource Queue | Capacity Queue | Signal Queue | Create Activity/Sink Queue

Phase	Clock	Current Activity	Current Event	Candidate Activity List	Future Event List
1	0	P1			P1_E@33.8422
2	33.8422		P1_E		
3	33.8422		P1_E	I1	
1	33.8422	I1			I1_E@33.8422
2	33.8422		I1_E		
3	33.8422		I1_E	C1, P1	
1	33.8422	C1		P1	C1_E@53.8422
1	33.8422	P1			C1_E@53.8422, P1_E@61.8173
2	53.8422		C1_E		P1_E@61.8173
3	53.8422		C1_E	I2	P1_E@61.8173
1	53.8422	I2			I2_E@53.8422, P1_E@61.8173
2	53.8422		I2_E		P1_E@61.8173
3	53.8422		I2_E	P2, I1	P1_E@61.8173
1	53.8422	P2		I1	P1_E@61.8173, P2_E@91.3342
2	61.8173		P1_E		P2_E@91.3342
3	61.8173		P1_E	I1	P2_E@91.3342
1	61.8173	I1			I1_E@61.8173, P2_E@91.3342
2	61.8173		I1_E		P2_E@91.3342
3	61.8173		I1_E	C1, P1	P2_E@91.3342
1	61.8173	C1		P1	C1_E@81.8173, P2_E@91.3342
1	61.8173	P1			C1_E@81.8173, P2_E@91.3342, P1_E@101.6337

그림 A4.3 일렬작업라인의 시뮬레이션 진행이력 파일

- 1번 스테이션과 생성된 작업물의 색깔을 작업 중임을 나타내는 색깔로 변경하고(set STATION1 color [*busy resource color code*], set [*job index*] color [*busy job color code*])
- 해당 작업물을 1번 스테이션 위에 올려둔다(place [*job index*] at [*station-1 position*]).

표에서 대괄호 ([]) 안에 이탤릭체로 정의된 정보들은, 앞서 정의한 애니메이션 레이아웃 파일에서 얻어낼 수 있는 정보들로, 레이아웃 상에서 개체의 위치나 색의 변화에 따라 달라지는 정보들이다.

표 A4.1 일렬작업라인의 시뮬레이션 진행이력과 트레이스 파일 변환 관계

Phase	진행이력 (Activity/Event)	애니메이션 트레이스 파일
1	P1	create JOB [*job index*] set STATION1 color [*busy resource color code*] set [*job index*] color [*busy job color code*] place [*job index*] at [*station-1 position*]
1	I1	set STATION1 color [*idle resource color code*] set [*job index*] color [*idle job color code*]
1	C1	place [*job index*] on CONVEYOR1
1	I2	set STATION2 color [*busy resource color code*] set [*job index*] color [*busy job color code*]
1	P2	place [*job index*] at [*station-2 position*]
1	I3	set STATION2 color [*idle resource color code*] set [*job index*] color [*idle job color code*]
1	C2	place [*job index*] on CONVEYOR2
1	I4	set STATION3 color [*busy resource color code*] set [*job index*] color [*busy job color code*]

(계속)

Phase	진행이력 (Activity/Event)	애니메이션 트레이스 파일
1	P3	place [*job index*] at [*station-3 position*]
3	P3_E	set STATION3 color [*idle resource color code*] set [*job index*] color [*idle job color code*] place [*job index*] at [*output buffer position*]

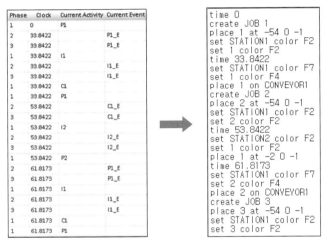

그림 A4.4 시뮬레이션 진행이력을 트레이스 파일로 변환한 예제-1

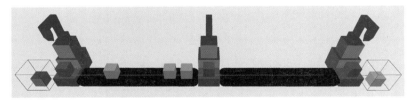

그림 A4.5 일렬작업라인의 Proof Animation® 화면

그림 A4.4는 그림 A4.3의 일렬작업라인 시뮬레이션 진행이력을 표

A4.1의 변환규칙에 따라 애니메이션 트레이스 파일로 변환한 결과이다. 그림 A4.4좌측은 시뮬레이션 진행이력의 일부분인데, 이를 정의된 규칙에 따라 변환하면, 그림의 우측과 같이 변환된다. 앞서 만든 애니메이션 레이아웃 파일과 이 파일을 함께 Proof Animation®으로 실행시키면 시뮬레이션 진행 과정을 그림 A4.5와 같이 애니메이션으로 볼 수 있다.

(3) 애니메이션 예제2 : 유연생산시스템(FMS)

표 A4.2는 유연생산시스템(FMS)의 시뮬레이션 진행이력과 애니메이션 트레이스 파일과의 변환 관계를 보여주고 있다.

표 A4.2 유연생산시스템의 시뮬레이션 진행이력과 트레이스 파일 변환 관계

Phase	진행이력(Activity/Event)	애니메이션 트레이스 파일
1	Load	create JOB [job index] set [job index] color [busy job color code] place [job index] at [load/unload station position]
3	Load_E	set [job index] color [idle job color code]
1	Move2LU, LU2CB, Move2CB1, CB2IB, Move2OB, OB2CB, Move2CB0, CB2LU	move CRANE [moving time] [target position]
1	PickLU, Retrieve1, PickOB, Retrieve0	move [job index] [moving time] [crane position]
3	PickLU_E, Retrieve1_E, PickOB_E, Retrieve0_E	attach [job index] to CRANE

(계속)

Phase	진행이력(Activity/Event)	애니메이션 트레이스 파일
1	Store0, DropIB, Store1, DropLU	detach [*job index*] from CRANE move [*job index*] [*moving time*] [*target position*]
1	Feed	move [*job index*] [*feeding time*] [*machine position*]
1	Process	set [*machine name*] color [*busy machine color code*] set [*job index*] color [*busy job color code*]
1	Remove	set [*machine name*] color [*idle machine color code*] set [*job index*] color [*idle job color code*] move [*job index*] [*removing time*] [*output buffer position*]
1	Unload	set [*job index*] color [*busy job color code*]
3	Unload_E	destroy [*job index*]

그림 A4.6은 유연생산시스템의 시뮬레이션 진행이력을 표 A4.2의 변환규칙에 따라 애니메이션 트레이스 파일로 변환한 결과이다. 그림 A4.6좌측은 시뮬레이션 진행 이력의 일부분인데, 이를 정의된 규칙에 따라 변환하면, 그림의 우측과 같이 변환된다. 애니메이션 레이아웃 파일과 이 애니메이션 트레이스 파일을 함께 Proof Animation®으로 실행시키면 시뮬레이션 진행 과정을 그림 A4.7과 같이 애니메이션으로 볼 수 있다.

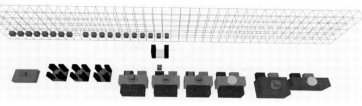

그림 A4.6 유연생산시스템의 Proof Animation® 화면

Phase	Clock	Current Activity	Current Event
1	0	Load	
1	0	Load	
1	0	Load	
2	0.5		Load_E
3	0.5		Load_E
1	0.5	Move2LU(3)	
2	0.5		Load_E
3	0.5		Load_E
2	0.5		Load_E
3	0.5		Load_E
2	1		Move2LU_E(3)
3	1		Move2LU_E(3)
1	1	PickLU(3)	
2	1.05		PickLU_E(3)
3	1.05		PickLU_E(3)
1	1.05	LU2CB(3)	
1	1.05	Load	
2	1.55		LU2CB_E(3)
3	1.55		LU2CB_E(3)
1	1.55	Store0(3)	
2	1.55		Load_E

```
time 0
create JOB 1
set 1 color F2
place 1 at -50 1 2
create JOB 2
set 2 color F2
place 2 at -40 1 2
create JOB 3
set 3 color F2
place 3 at -30 1 2
time 0.5
set 1 color F18
move CRANE 0.5 -50 2 -10
set 2 color F18
set 3 color F18
time 1
move 1 0.05 -50 1 0
time 1.05
attach 1 to CRANE
move CRANE 0.5 -78 2 -10
create JOB 4
set 4 color F2
place 4 at -50 1 2
time 1.55
detach 1 from CRANE
move 1 0.05 -78 0 -20
set 4 color F2
```

그림 A4.7 시뮬레이션 진행이력을 트레이스 파일로 변환한 예제-2

참 고 문 헌

Wolverine Software Corporation (2008), Using Proof Animation, Fourth Edition, Wolverine Software Corporation

BK Choi and DH Kang (2013), *Modeling and Simulation of Discrete-Event Systems*, John Wiley & Sons

김현식 (2017), Colored Activity Cycle Diagram형식론 개발 및 활용, 박사학위논문, KAIST

스마트팩토리 구현을 위한
색상형ACD 기반 모델링 & 시뮬레이션

2017년 8월 10일 제1판 1쇄 펴냄
지은이 최병규 · 김현식 | **펴낸이** 류원식 | **펴낸곳 청문각출판**

편집부장 김경수 | **책임진행** 오세은 | **본문편집** 디자인이투이 | **표지디자인** 유선영
제작 김선형 | **홍보** 김은주 | **영업** 함승형 · 박현수 · 이훈섭
주소 (10881) 경기도 파주시 문발로 116(문발동 536-2) | **전화** 1644-0965(대표)
팩스 070-8650-0965 | **등록** 2015. 01. 08. 제406-2015-000005호
홈페이지 www.cmgpg.co.kr | **E-mail** cmg@cmgpg.co.kr
ISBN 978-89-6364-327-4 (93550) | **값** 14,500원